U0012506

# THE STUDY OF COMME des GARÇONS*

ERIKO MINAMITANI

南谷繪里子 著
蔡青雯 譯
秋山道男 監修

# COMME des GARÇONS 研究

臉譜出版

# I

COMME des GARÇONS 研究

# コムデギャルソンは何を壊したのか？

COMME des GARÇONS 破壞了什麼？

一九八二年三月二十五日，巴黎。

從凱旋門往協和廣場，沿著香榭大道直走，轉入一條偏北的公園小徑，佇立著加百列展館。館內正在舉行 COMME des GARÇONS 的時裝秀。

自從 COMME des GARÇONS 參加巴黎時裝週之後，這是第三次推出系列作品。

舞台和天幕是一片純白，樸華無飾的會場，甚至看不見品牌標誌。首先登場的系列作品是軍裝風格的夾克。夾克看似穿反，因為裡布和襯布直接外翻於表面。以裡布布料縫製的口袋垂掛在衣服外側，展現口袋的內側。立領的領高左右不同，前片衣身錯開縫合。

接著登場的是毛料黑外套、連身服等作品，左右襬的長度參差不齊。模特兒在移動之際，長襬衣襟彷彿手帕般飄盪；彷彿和服垂袖般、前短後長的衣袖也隨之擺動。隨風飄舞的衣襬和衣袖，使得毛料長外套顯得輕盈。外套上有著鉤裂般的破洞。

有「瑞士起司」之稱的開洞毛衣系列，以一身黑的搭配方式登場。鬆垮垮的毛衣大領，隨著模特兒的擺動而歪斜露出肩膀。滿是破洞的衣身可窺見內搭洗得褪色破爛的T恤和赤裸的手臂。毛衣的衣襬或袖口未經鬆緊針編織處理，因而都向外翻折捲起。同樣破爛的過膝裙也是洗得褪了色、皺巴巴的，腳上未穿襪，著黑布鞋。登場的模特兒，單邊的眼上塗抹大片藍色眼影，彷彿淤青一般，鮮豔突出的紅頰，以及像是被投擲過白粉而殘留的粉痕臉妝。

身穿撕裂、破洞、左右不平均服裝的模特兒群。

讓人聯想到暴力印記的系列影片中，也拍攝了面對眼前情景、不知所措、瞠目結舌的現場觀眾。

黑色、破壞、不對稱、貧窮主義……。這次的系列作品，在歐美的時尚產業界中，留下難以磨滅的印象，促使 COMME des GARÇONS 長期擁有乖僻形象，而此設計特徵更劇烈的衝擊著西方的時尚評論家。這位第三次參加巴黎時裝週的新進設計師，掀起前所未有的迴響。

《紐約時報》選出 COMME des GARÇONS 設計師川久保玲，以及同時期開始參加巴黎時裝週的的另一位日籍設計師山本耀司，製作三頁名為「日本襲來的新浪潮」特別報導。

〈他們不拘泥於服裝縫製的傳統，以自我規則打造出符合現代生活的作品。……每五分鐘就誕生一種流行，卻少見具有真正力道和重要性的作品，而他們的服裝確實具有這些要素。在縫製嶄新服飾上，讓我們大開眼界。……來自日本的川久保，她的作品為時尚貢獻嶄新的巨大力量，甚至提供改變女性服飾看法的契機。〉（註1）

〈山本耀司和川久保玲。兩位在西方仍是無名小卒的日籍設計師，領導時尚新潮流，將來必定改

變我們對時尚、甚至是穿著的看法。〉（註2）

透過上述觀點可得知西方時尚或是高級成衣時尚，對於 COMME des GARÇONS 引進嶄新的美感意識或價值觀，展現歡迎的態度。

〈偏執又嚴苛的日本人，將遲到三十分鐘的《費加洛報》視為壞學生，退坐到第七排（通常大報社都坐在最前排）。他們並不認為《費加洛報》讀者是自己的顧客。是的，這種崇拜襤褸主義，不屬於你們的讀者……這是預告醜惡勢利主義的不祥未來。〉（註3）

〈變身為龐克的日本女流浪漢……不過，時尚專精人士應該試著享受這種風格。因為 COMME des GARÇONS 的忠實支持者正在逐漸增加中。〉（註4）

〈為了展現赤貧而誕生的嶄新風格。在特殊場合穿著或許不錯，例如前往國稅局，或是要求薪資調漲時可以穿。〉（註5）

其中，還可見「廣島原爆裝」或「精神病患服」等形容。無論媒體使用這類歧視性用語是否妥當，引人注意的是這些明顯受到震撼的批判，並非針對作品的完成度或是創意，而是針對COMME des GARÇONS毫無顧忌地、輕易瓦解自己構築而成的時尚美感規範，情感上的反彈。

時尚設計是追求嶄新服飾形式的行為，因此，當前衛設計出現時，原本最新流行的風格將遭逼退，淪為過時之物，產生顯而易見的世代交替。一種樣式的誕生，意味著驅逐過往樣式，宣告過往樣式的死亡。香奈兒確信這種循環能讓自己稱心如意。她說道：「我選擇這項職業（時尚設計師），扮演革命性角色，並非想要打造自己中意的事物。我的最大願望是趕走時尚中那些我看不順眼的事物。」（註6）當她推出嶄新樣式時，以往長期呵護培養而成的傳統樣式世界，成為陳腐的過時事物，旋即遭到掩埋。「曾經的流行」只是一種過往時間的表象。樣式的新舊交替是一場慘烈的生死決鬥。

一九八二年COMME des GARÇONS所提示的嶄新樣式（破洞、破綻、鉤裂），獲得美感認同。因為這種前衛感性的誕生，立即遭到打壓的老舊樣式，就是歐洲孕育的時尚「傳統」吧。因此，辛辣批判COMME des GARÇONS，起因於時尚帝國基盤遭受威脅，擔憂基盤動搖而嚴陣以待，表明對COMME des GARÇONS的敵意。

認同破洞毛衣、左右不對稱的單袖夾克是嶄新的雅趣，其實也反應出對筆挺漿直無皺痕的完美禮服，感到過時、死板。

在羅蘭．巴特（Roland Barthes）的著作《流行體系》（*Système de la mode*）中，指出「能夠闡述樣式的詞彙只有兩個，一是流行（à la mode），一是過時（dé modé）」。

承認西方時尚中不存在的事物是流行，等於承認自己以往架構而成的事物是「曾經的流行」，也就是過時，意味著將自己的時尚逼上死路。

從一九八二年至今，COMME des GARÇONS 飽受褒貶兩極的評價，既有熱烈的支持，認為「時尚界唯有川久保是光芒萬丈的」，也有嘲諷訕笑，認為她「沒見過世面」。

這類極端的評價，或許是前衛的宿命。然而，香奈兒使用單面平紋布、寶石仿冒品，對抗二十世紀初期極致奢華的高級訂製服，遭到保羅．波烈（Paul Poiret）毒舌批評為「窮酸的奢侈品」。然而，這種現象並非僅存於時尚界。在藝術界，印象派初期畫家所描繪的光和水遭到鄙視，認為難登藝術大雅之堂；杜象的便器作品《泉》，即使獲准在美術館中展示，卻被隱沒在會場的角落。嘗試實驗的人通常必須接受責難的洗禮。意欲顛覆長久承繼的傳統，必須通過以正統自居者砲火攻擊的考驗。

所以，我們在 COMME des GARÇONS 出現的場合中，能夠看見流行的誕生，以及這個品牌和已成歷史的既存樣式之間的權力鬥爭。巴黎時裝週的制度是以優雅、奢華、高級打造而成的時尚帝國，在無以撼動的美學規範下所背書的設計，每季生產、消費；再由時尚記者負責將這些訊息傳播到世界各地，並掀起話題。但是，做為反時尚旗手的COMME des GARÇONS，則端出全新的服裝觀點，企圖改變這樣的價值。這個挑釁的對立結構，並不難想像。這個弔詭的結構，根植在這種激烈對立的反感（甚至可說是憎惡）之上，憎惡之根越深越紮實，則COMME des GARÇONS獲得的矚目程度就越高、越茁壯。面對迎面襲來的緊張感和能量，川久保以更淬煉的前衛性回擊，形成爆發力十足的運動力學。

不過，川久保強調：「（針對『污染巴黎街道、毫不手軟的黑色服裝』等媒體的反感）與其遭到漠視，我更樂見貶斥或是責難。我喜歡得到反應，即使是批判、失焦的攻擊。總之，有批評才有刺激。」（註7）

無論批判內容為何，川久保本人都欣然接受，肯定巴黎時裝週享有批判的自由，並積極面對這座競技場，所以，我們無須在這些對立結構上不停打轉，反而應該對在砲火洗禮下、仍然抬頭挺進下一座舞台的COMME des GARÇONS，剛柔並濟地守護這股對創造的活力和熱情。事實上，媒體並非一面倒地情緒性反應，齊將矛頭對準她。有些媒體積極支持嶄新美感的到來。這些媒體主要都是美國媒體。美國時尚只產出克萊爾・麥卡德爾（Claire McCardell）（註8）所設計、能夠自由組合的成套時尚，也就是美國所稱的「運動服」概念，並無值得大書特書的事蹟，所以反而容易接納嶄新事物。

COMME des GARÇONS 參加巴黎時裝週的一九八〇年代初期，正是美國潮流開始支配時尚產業的時代。雷根經濟政策造就美國的泡沫經濟時代。景氣高漲，美國的百貨公司、時尚專門店等開始崇尚高級品，積極進口歐洲的衣料和奢侈品。當時，職業婦女、女性主管等用語流行，即使在扣稅之後，仍然擁有高收入，並以自己收入購買服飾的女性，就是走在流行時尚的頂端。所以，設計師工作室的營運好壞，全憑能否因應美國的這股潮流。

以職業婦女為對象，擅長縫製大墊肩、做工精良「職業套裝」（power suits）的義大利設計師，迎接全盛時期。七〇年代邁入八〇年代之際，女性穿著這種肩膀高聳的服飾，誇示靠著一己之力獲得的財富和名聲。美國高級百貨公司櫥窗內，陳列展示著光彩動人、自信滿滿的職業婦女服飾。

在這股職業套裝潮流之中，COMME des GARÇONS 推出與職業套裝截然不同的襤褸服系列。此舉獲得如巴尼斯（barneys）、亨利．邦杜（Henri Bendel）等領先一般市場潮流、具高時尚敏感度專門店的支持，COMME des GARÇONS 也因此紮下在美國的設計師工作室基礎。

一九八一年，川久保在巴黎舉辦首場服裝秀時，同時推出 tricot COMME des GARÇONS、

robe de chambre COMME des GARÇONS 等設計精緻、卻容易入手的品牌，讓 COMME des GARÇONS 切換成為設計性更強的品牌。一九八二年，她在巴黎設立子公司，同時在艾蒂安．馬塞爾（Étienne Marcel）街上開設直營店。一九八三年在紐約蘇活區開設直營店。翌年，她推出第二個男性品牌 COMME des GARÇONS HOMME PLUS。

大約一九八二年前後，巴黎時裝週舉辦第三次時裝秀。這個時期 COMME des GARÇONS 不再只有高媒體矚目度，企業架構也越來越充實，甚至在歐美開設據點。

對巴黎時裝週這項時尚盛典而言，推出全新體驗的衣服，並提出美感的嶄新解釋，促使 COMME des GARÇONS 立即成為具有破壞主義的前衛設計師。此後二十年至今，川久保仍是備受矚目的前衛設計師。

川久保被稱為「破壞主義者」，可是她究竟破壞了什麼呢？閱讀那些認為川久保和 COMME des GARÇONS 具有破壞性的各類文獻，都十分表面且語意含糊。因為服裝的中心軸線偏移了、有開洞、有破損，所以就具有破壞性嗎？還是因為相對於奢華、附庸風雅的時尚，襤褸的服裝具有破壞性嗎？川久保究竟打算破壞什麼呢？是樣式體系、時尚的美學規範，還是女性性的神話呢？

香奈兒具有清楚的意識，明言：「我的最大希望，就是將我厭惡的東西趕出時尚界。」但是，川久保的攻擊矛頭朝向何處？她打算破壞什麼呢？即使遭到猛烈的批判，她仍然抱持著肯定態度，甚至覺得「與其遭到漠視，不如遭到貶斥」，而欣然接受的川久保，縱使她強忍責難，卻遍尋不著她設下任何破壞裝置，或是打算破壞既有事物的任何痕跡。反而，對於不同主義主張、卻心懷相同大志而努力的同業，川久保從未諷刺批評。

「我不是進行破壞，只是附加嶄新解釋或可能性而已，」（註9）斷言這樣的設計師是破壞主義者，或許過於武斷。

將破壞風格標籤貼在COMME des GARÇONS上，似乎已經理所當然。未來，我們將面對這種武斷評價。但是，在面對之前，必須先通過幾道程序，探索不斷持續跑在前衛道路上的設計師。

本書的觀點並非探討川久保究竟破壞了什麼，而是探討川久保打算創造什麼，來循序檢證COMME des GARÇONS。我們將面對的第一線現場，存在著「創造」行為和「破壞」行為這種表裡一體的關係。在面對現場時，我們是否還能夠持續稱川久保為「破壞主義者」呢？這些問題都將一一獲得解答。

系列作品時期的表示方式，採取和舉辦時期統一的方式。所以，本文開頭的一九八二年三月是舉辦時期，簡化「一九八二～三年秋冬系列」的表示方式。

COMME des GARÇONS 研究

# II クリエイションの規則

創造的規則

## 2—1 衣版的冒險

### A 不對稱的結果

時尚設計誕生的具體要素是形狀、素材、顏色。首先檢證形狀。

COMME des GARÇONS 服裝的形狀是左右不對稱，這並非故意改變左右平衡，或是故意只裝飾單邊，以便營造設計特徵，而是已經超越這些技巧，形成左右彷彿是兩件不同的衣服、一種極端不對稱的設計。在闡述 COMME des GARÇONS 的時尚設計時，除了黑色、破壞等表現之外，最常指出這種不對稱。

八〇年代初期至九〇年代中期，COMME des GARÇONS 積極進行左右極端不同的複雜設計。

某件夾克後衣身的衣襬是斜裁，正面則搭配半身夾克和不對稱長度的外套，彷彿繫著皮帶。衣身的單肩和衣袖整個裁掉的夾克，彷彿和服露出半肩般地露出內搭襯衫的半邊。這種極度的左右不平衡，成為 COMME des GARÇONS 的設計特徵，令人留下深刻的印象。外套或連身服的衣襬不等長，模特兒走秀時，只有一邊衣襬隨步搖擺；或是半邊裙子加上半邊長褲，一看就知道是COMME des GARÇONS風格。在不安定的平衡上尋得設計靈感，化為有形，這就是COMME des GARÇONS。

沿著脊椎劃上中央線，在兩肩均衡披上布料，包覆左右對稱的人體縫製衣服，這種裁剪的基本法則若能摒棄，設計就可以享有無窮無際的變化。

COMME des GARÇONS的左右不對稱複雜設計，應是嘗試跨越西方立體剪裁傳統所建構而成的設計規則。她以破壞平衡的方式，橫跨不同衣服類別，頂撞西方服裝製作強調身形包覆的設計。因此，西方的時尚評論常指出COMME des GARÇONS的嶄新設計是從非西方式的服裝概念產生。

〈針對西方時尚第一線根深柢固的服裝製作偏見，川久保是有史以來拋出最激烈質疑的設計師。〉（註10）

〈川久保毫無背景可言，但她將其化為優勢。她從未受過正式的時尚相關訓練，本人也表示從小並未特別注意西方時尚。〉（註11）

「不受西方拘泥在身形上的想法，使得 COMME des GARÇONS 的設計是自由的。」這種自我否定式的 COMME des GARÇONS 論，常來自於 COMME des GARÇONS 的西方支持者。不過，《金融時報》的布蘭達・波藍（Brenda Polan）曾經明白指出：「將服裝視為布料雕刻，而身體是支撐這件雕刻作品的基礎，這是中國或日本的想法；西方偏好展現身體，因此累積了豐富的服飾象徵。而川久保融合了這兩種方式。」（註12）這種說法卻令日本人不解，因為那種極度不對稱形狀的款式特異性，絲毫看不出任何日本風格。不過，吉本隆明的說法更具說服力，他表示：「既不是模仿西歐的時尚，也不是來自民族時尚的異國風情，發想來自不明的根源。」（註13）這表示：對西方而言，是未知的形狀；對日本等非西方人而言，也是未知的形狀。

COMME des GARÇONS 具有的「不明的根源」，也就是創作原點，為了探索創作原點，就必須檢證產出不對稱結構的衣版。

二十二頁所示的衣版是取自《DRESSTUDY》第二十四期。

一九八六年發表的連身服（圖1），合身的前衣身，從腰部開始圓蓬的裙子，是由一張衣版縫製而成。衣身的中心線沿著布料的縱紋，在兩腋處縫入布版，取代塑造胸型的尖褶，形成立體形狀。為了在布料橫幅受限、衣版仍能成立的條件下，設定右側腰部位置較高，所以，衣身兩側嵌入的布版長度不同。

彷彿蜂尾般膨脹的裙子，因為裙襬左側部分沿著布紋裁平，所以，完成之後，形成傾斜的裙襬線。另一方面，右側部分則是斜線剪裁。裙子左側是沿著布紋剪裁，右側則是斜線剪裁的不合常規方式。這種衣版，必須在布料橫幅中確保前衣身寬度和裙子長度，受限於這種物理性條件，裙襬不得不成為不對稱。此外，蜂尾般的曲度，刻意沿著不易縫製的布紋，以便形成曲度，所以裙子的縫合部分加入幾條複雜的水平褶。

從衣版上，可以得知這件連身裝的誕生並非來自於設計圖，而是誕生於衣版，使得一塊布料縫製成前衣身和圓蓬氣球型裙子。由此可見她對衣版的獨特觀點，以及根據這個觀點所發展而出的合理衣版，進而創造嶄新設計等一連串設計和製作衣服的過程。經由這一連串過程，產生的左右腰部位置高低不同，或是衣襬的不等長，並不加以修正，而是直接視為設計。評論「川久保沒有受到西方時尚現場根深柢固偏見的荼毒」，的確適當。換言之，熟知西方立體剪裁技術的打版師，縫製漂亮球型裙時，絕對會使用斜裁布料，然而川久保採用具有伸縮性的素材，並以幾條直線裁剪的方式完成。而且，途中改成斜裁，卻不分裁布料，只採取從裙襬以垂直向上尖褶處理的奇特方式。總而言之，她以一塊布縫製出前衣身和球型裙，想法獨特出奇。

西方立體剪裁的基本是沿著人體、順著布料裁製而成；如果說這些熟練技巧就是傳統，川久保的創造根本無視這些傳統。可是，很難說「這是從未受過正式時尚訓練所獲得的好處」，或說

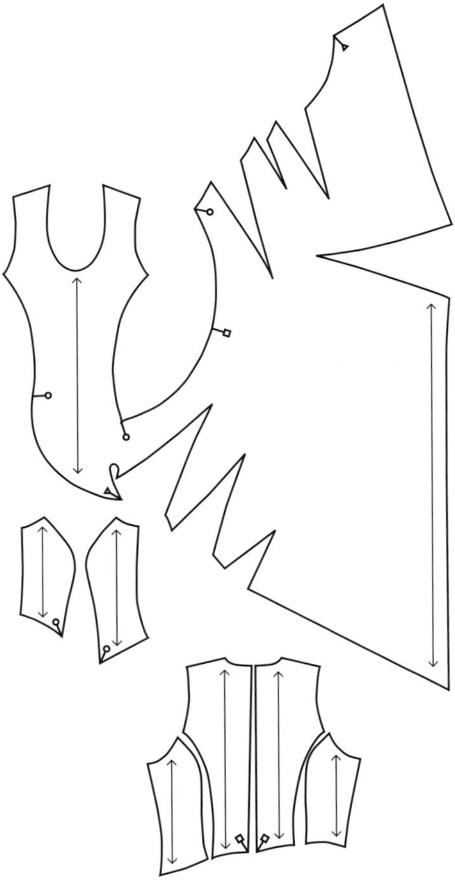

取自《DRESSTUDY》第 24 期

1. 1986-87 秋冬系列。Photo by Steven Meisel

2. Cristóbal Balenciaga，外套。1955.
©The Kyoto Costume Institute, Photo by Taishi Hirokawa

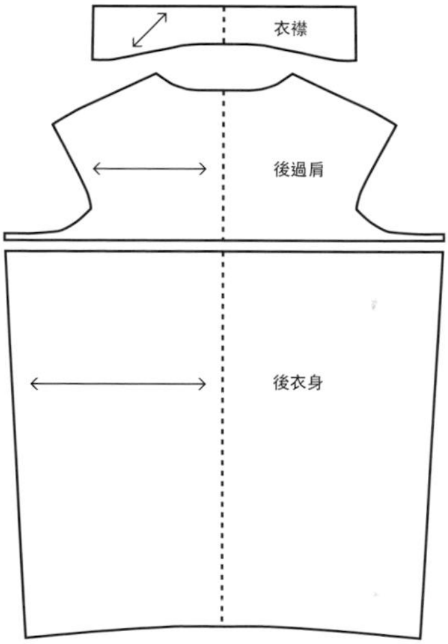


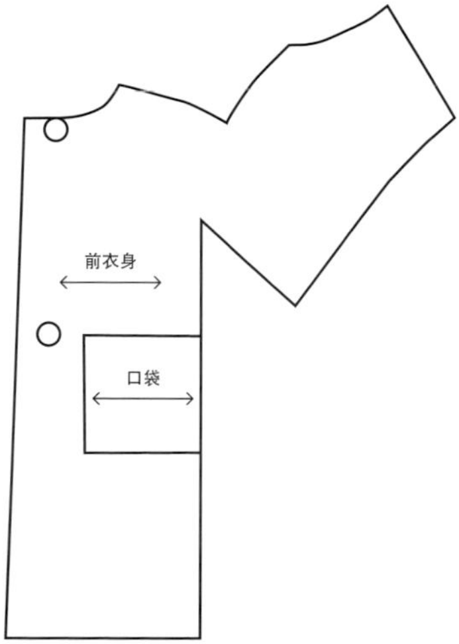


©The Kyoto Costume Institute

這是東方的。總之，這是川久保式、COMME des GARÇONS式的構思創作方法。

不過，這種大膽的打版方式，並非是川久保獨創的構思。一九四〇年代，歐洲的巴黎世家（BALENCIAGA）（註14）就以獨自的觀點冒險挑戰各種衣版。例如前衣身和衣袖以一片衣版縫製，然後和後衣身縫合，做成外套，這是一種嶄新的轉換嘗試。（圖2）

可是，即使巴黎世家嘗試衣版的冒險，誕生的衣服作品仍然依循歐洲傳統美感規範。巴黎世家投注熱情在解決衣版極限所產生的不合理或歪斜，試著革新衣版的打版方式，能夠順著布料縫製的服裝。然而，川久保反而將這些布料歪斜，或是形狀不對稱等不便，積極引進設計當中。巴黎世家為了衣服外型能夠依循以往美感規範，構思嶄新的衣服結構；川久保則是為了創造嶄新的衣服外型，直接改變衣服結構。

川久保式的激烈就是「針對西方時尚第一線根深柢固的服裝製作偏見，拋出最激烈質疑的設計師」。

下一件是一九九二年十月發表的系列「極簡」（ULTRA SIMPLE）中的作品（圖3）。這件洋裝完全背離「極簡」，複雜衣版在洋裝表面形成微妙的起伏。因為縫線不在腋下，而是將縫線移至前後衣身的中央，左右兩片衣版繞過腋下，形成跨越前後而製成的洋裝。

因為，後衣身和腋下是斜裁，所以布料具有柔軟性和伸縮性；後側尖褶（圖中的洞）的取法，促使背部至腰部的曲線和腰線，能夠服貼地沿著身體形成優美的腋下曲線。腋下前方的腰部位置，則位於前衣身的中心，使布料能夠垂直下垂。中心線是斜的，增加可使用的布料幅度，不僅賦予衣版更自由的打版方式，也發揮了斜紋素材特有的優良伸縮性，打造出曲線更為流暢的作品。

一位任職於法國設計師工作室的日籍打版師友人，曾讚嘆的說：「總之，法國打版師的打版方式、種類非常豐富多樣。在出人意外之處取尖褶，打造出美麗優雅的身形。」西方的打版技術，具有設計圖的韻味，並考量素材的特性，重點在於自然不做作地打造出漂亮衣形。因此累積了豐富的曲線縫製技巧，這就是傳統技巧的深厚奧妙之處。

而 COMME des GARÇONS 設法以一張衣版，縫製貼身的衣身和蓬裙的衣形，嘗試一張衣版的極限；或是連身服不採取腋下縫合，改在中央縫合時，衣版應該如何變更。這是改變觀點的衣版冒險，結果創造出左右不對稱的輪廓和嶄新的衣形。並且，川久保接受這個結果，視為設計。觀察衣版的嘗試，可看出 COMME des GARÇONS 在設計觀點上，首先針對衣服的基本結構，也就是衣版，以重新審視衣版為起點，打造出不對稱的設計。

檢證至此，可知 COMME des GARÇONS 的創作根源並非破壞，而是各種衣版的冒險。這種實驗性質的打版方式，才是 COMME des GARÇONS 的設計原點。

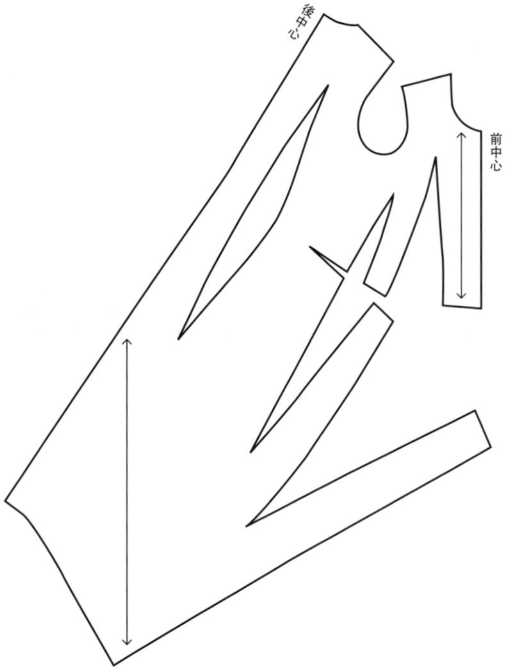
後中心
前中心

3. 1993 春夏系列。1992.10.

川久保曾說：「我並未直接從任何人或任何地方獲得（創造的）靈感。全部都是內化（internalize）的事物。」（註15）她以英文表示這句話語，日後你我或許會經常想起；然而川久保所言的internalize，所指真意究竟為何，我們不易從該篇新聞報導的文脈中推測。可是，重新掌握衣服基本結構（內面）的衣版，可看出川久保或打版師摸索嶄新衣形的態度。

COMME des GARÇONS從西方式剪裁技術出發，卻不回歸西方式衣服，而是以獨自的觀點進行設計，進而誕生了不對稱、斜衣襬、左右不同的衣袖。

一九九八年十月，COMME des GARÇONS發表「NEW ESSENTIAL」系列（圖4）。登場的是毛氈、平布、紗等堅硬緊繃素材製成的人形台型洋裝。洋裝沒有衣襟，也沒有衣袖，服貼的衣身、從腰部蓬起的裙子，只有一邊縫上開襟短身上衣和風衣，看起來就像是在打版室中常見、在人形台上縫製衣版的模樣。設計的本質就是擺在人形台上的衣版，川久保直接展示以本質（essential）為完成型的洋裝。

不對稱只能說是結果。川久保的設計觀點，早已跨境，既非西方風格，或是針對西方風格而形成的東方式解釋，而是根據改變結構，變化形體，屬於設計師基於技術合理性的範疇。

4. 1999 春夏系列。1998.10.

## B 斜線，自由的契機

然而，COMME des GARÇONS 的設計常見單邊缺陷（或說是單邊過剩）。從衣版看來，多半起因於斜裁。

提及斜裁，腦海中率先浮現的設計師是瑪德琳．維奧內特（Madeleine Vionnet）（註16）。維奧內特是利用橫斜裁剪布紋更易貼身的布料特性和懸垂性，在洋裝設計上大量運用斜裁的先驅者。觀察維奧內特的衣版（圖5），斜裁布基本上是用於垂直下垂。中心採用斜線方式，身體中心的布料會順沿著身形滑落。維奧內特的衣版特徵，在於身體中央軸採用斜裁素材，呈現出左右對稱的幾何形式。維奧內特認為，採用斜裁方式，運用這項特性，以單純化衣版，將立體的人體包覆地更為纖細突出。

「服裝設計師應該是幾何學者。因為人體是幾何形的，所以布料也必須和幾何學相關。而且，洋裝的縫製，必須在女性開懷微笑時，也同樣開懷笑著。」（註17）對維奧內特而言，各種曲線構成的人體是幾何學式，所以能夠反應細微動作的斜裁布料，其柔軟性是最佳選擇。

實際上，她致力於開發更能展現漂亮懸垂的絲質，以及能夠改善斜裁久吊之後變形缺點的素材。

可是，維奧內特縫製衣服的基礎，仍然處於西方美感意識當中。巴黎世家也是如此。但是，川久保選用斜裁時，令人矚目的是不僅是布料特性，還有隨著衣版狀況的特殊使用方式。

布料是斜裁時，能夠保有更寬幅的布料，且更易貼服身形，因此，能夠更自由設計，減少使用考量身體凹凸或動作而取的尖褶或寬鬆，能以最小限度的衣版製作夾克或洋裝。雖然，斜裁使用的布料能夠取得部分布料寬幅，然而套在身上時，單側會欠缺包覆性。這種布料的欠缺，成為單邊無肩或無袖的夾克，或是衣襬不足的部分，以別的布料補上，斜長形布料成為衣襬懸垂的設計因而誕生。

COMME des GARÇONS 的打版方式，有時令經驗老到的打版師困惑不已。布料欠缺、隨意填補般的布料，從某種不合理所產生的不合理……等方式徹底顛覆打版常識。掌握平面布料的性質、自然裁剪出理想的立體形式是打版的基本、或說是打版真義，奉為圭臬的人肯定認為 COMME des GARÇONS 衣版是天外飛來的奇特之物。

5. 瑪德琳．維奧內特，洋裝。1919-20.
©Photo by Hideoki

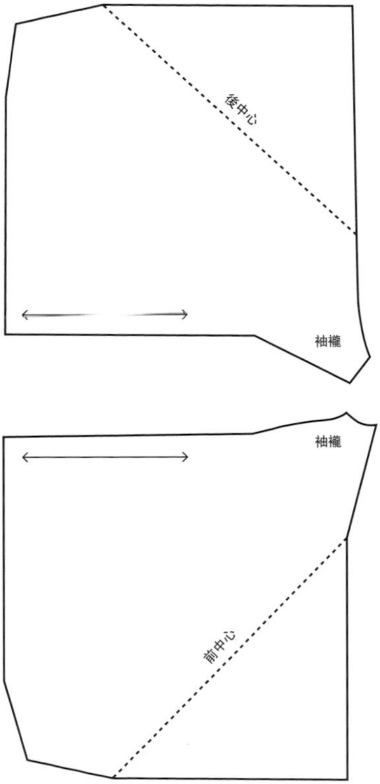


©Pattern by Betty Kirke

## 2—2 尚未／已經

### A 野性的眼神

COMME des GARÇONS（宛若少年）一詞，聽來具有柔美和輕快之感，充滿著誘人的吸引力，令人想起不知疲累為何物、年輕、天真、耀眼感性的眩目時期。這段有限的絢爛「少年」時期，無論是對生命懷抱的矛盾，不知世間疾苦，或是天真爛漫，都能夠獲得諒解。而這種目眩迷濛的光芒，總令我們徘徊其中，流連忘返。

可是，追溯川久保的創造根源時，如果未能從其他角度重新掌握COMME des GARÇONS一詞的意義，則很容易迷失。雖然，川久保曾說道：「我只是喜歡COMME des GARÇONS聽起來很有氣勢，並未含有任何深奧的意義。」（註18）即使如此，我們仍無法忽視將少女服飾命名為「宛若少年」。「少年性」一詞中，其實潛藏著殘酷。如果不先探討野心勃勃的「少年性」，我們將身陷迷宮。

這裡有一張照片。一九八八～九一年的三年之間，COMME des GARÇONS曾發行雜誌《Six》。第八期、也是最後一期的封面（圖6），是採用雕刻家路易斯·奈維爾遜（Louise Nevel-

6.《Six》Number.8。1991.

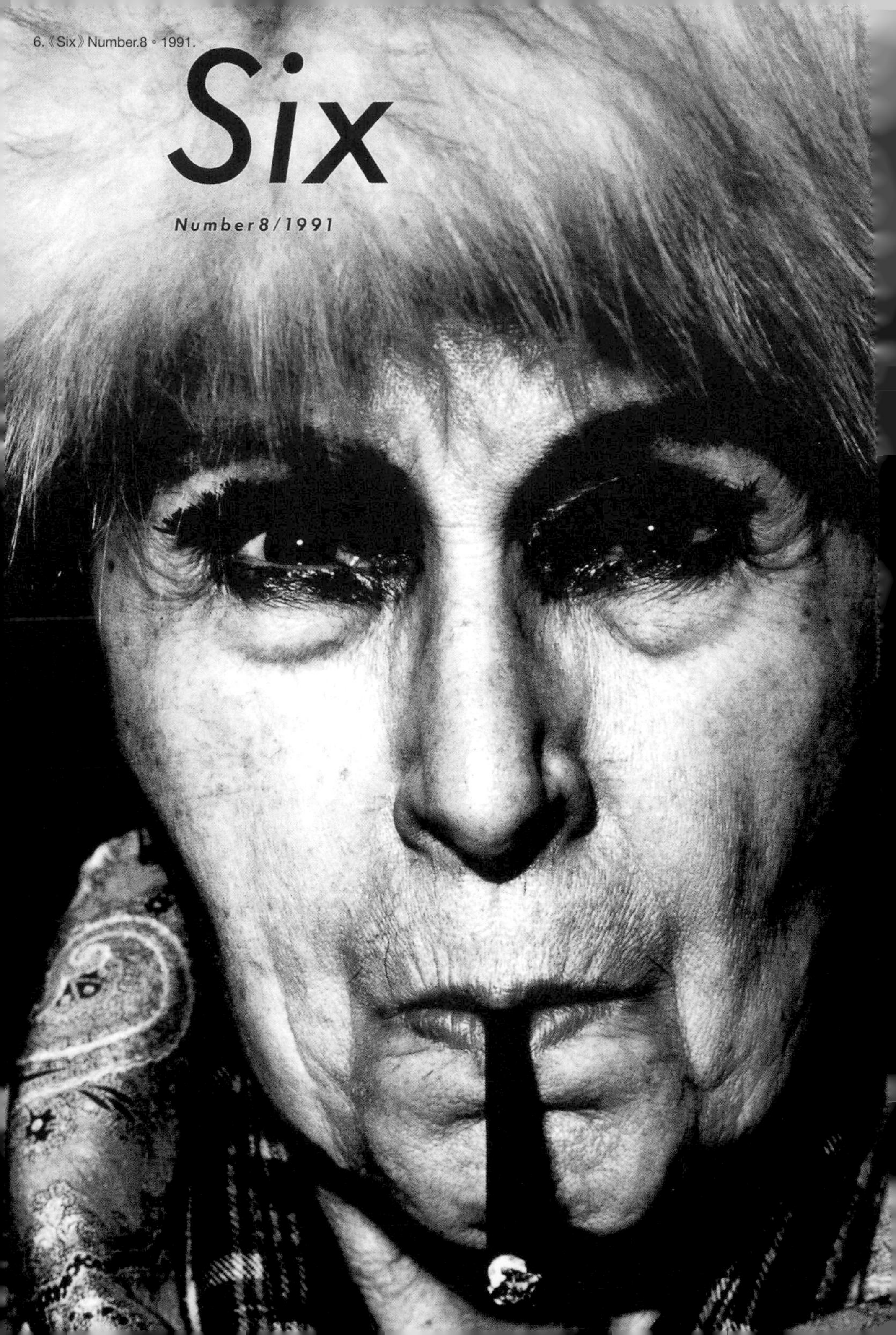

son）皺紋滿布的鬆弛臉孔、叼著雪茄、望著前方的黑白照片。奈維爾遜的眼睛四周畫著粗黑的眼線，像是歌舞伎眼窩畫法，凸顯眼睛下方的鬆弛和皺紋。抿嘴含著雪茄的嘴巴四周，深深的縱紋，真實展露老態。可是，在蓬亂的銀色假髮下，望向前方的黑色眼眸，投射出銳利強烈的光彩。奈維爾遜的眼眸中，不見絲毫的老態，充滿著對生命的欲望，逼視著觀者。這個猙獰野性的眼神，絕對不會放過覬覦的獵物，而且充滿好奇心，盡情玩弄獵捕到手的對象。這是吸取獵物生氣的禿鷹眼神。這股欲望的持續，就是少年不知倦怠為何物的好奇心所蘊含的殘酷。

展現對未知事物好奇心、睜大雙眼的少年，重疊著這位老雕刻家的眼神。《Six》最後一期的封面照片中，川久保或許從奈維爾遜的眼神中得到共鳴，那就是川久保誠摯的探究心，從不轉移對衣服內部結構的關注，徹底觀察。從未意識到自己年邁衰老、徹底挖掘目標對象的老雕刻家奈維爾遜的眼神，和誘發川久保創造欲望的，都是同質的事物。

川久保以執拗的眼神和探究心，縱橫往返服裝時間的過去和未來。她無視旁物、專注觀察衣服，在衣服誕生、過時、破舊等整個消耗過程的每個瞬間，汲取設計的可能性。

在COMME des GARÇONS的活動當中，從一九八二年三月發表破洞毛衣的時期，到一九八年十月「NEW ESSENTIAL」人形台風格洋裝搭配單邊上衣的時期，這傾向特別顯著。

7. COMME des GARÇONS 企業廣告。1989.

## B 未完成，豐富的偏移

COMME des GARÇONS 的服飾包含兩種時間。一是衣版，或是露出襯布、裡布等衣服的生成時間；一是穿舊、摩擦、刮破等逐漸劣化的老朽時間。「尚未」完成的衣服，和「已經」是、但逐漸步向終點的衣服，在這兩者之間，並沒有「完成型」的頂點，反而是從「尚未」到「已經」，衣服的形式不斷受到斟酌審視，是並列的狀態。此外，也可以說「尚未」和「已經」之間並無區別，都立於「現在」。

一九九一年十月，COMME des GARÇONS 發表「未完成」系列（圖8）。在塗鴉、剝落掉漆的三夾板、基礎角材裸露在外，彷彿是未完成的舞台上，撕開過肩下方的衣身表層、露出襯布、裡布和縫邊的風衣登場。過肩下方垂吊著裡布口袋，縫邊剪裁部分放任脫落的布邊纖維下垂著。此外，雙線縫邊的華達呢毛料衣襟和過肩下方，則垂著未燙平、皺巴巴的、看似不太牢靠的薄裡布素材。隨著模特兒的動作，裡布或是脫落下垂的布料殘片，隨之舞動，可以窺見毀壞風衣內搭的洋裝。原本硬挺的風衣，在撕開表層之後，原來藏著如此輕快純真的動態。

8. 1992 春夏系列。1991.10.

以製作衣版原型時使用的未加工平布素材、縫製而成的連身服；露出縫邊，衣襬裁剪也不收邊，未做任何處理。依照衣版原型剪下、通常是裡布的聚酯纖維素材，像是貼花般地貼在印花洋裝的表面。衣領、袖口都未收邊的洋裝，塗漆防止布邊脫線。

在 COMME des GARÇONS 的作品設計中，經常引用衣版、裡布、襯布、縫邊等不會展露在「已完成衣服」表面的衣服製程或內部結構。衣版製作、暫縫、縫製、燙平、完成後的翻面檢查。在各道工序中，拆開衣服的織線，翻面，然後再剪裁縫製。川久保重新玩味每個階段，再化為設計。

一九九七年三月的「ADULT PUNK」登上舞台的衣版，成為在洋裝表面貼花般的設計。

縫衣工廠的布料剪裁機，向來都是沿著紙型，一次切割重疊成捆的布料。在一九九七年十月「CLUSTERING BEAUTY」中，保留未收邊布邊脫線的型態，重疊多層薄平布縫製成為具有厚度和量感的洋裝，重現這種布捆的銳利切割面。

川久保直視衣服的視線，從未遺漏任何一片裁剪下來的布片。她凝神細察衣服製作工程，摸索嶄新設計的可能性。將「完成途中的衣服」置於嶄新場合，變身孕育出嶄新含意。一片衣版不再只是衣版，而成為裝飾衣服表面的貼花，而且是孕育諸多意義和訊息的貼花。

貼在洋裝表面的布片，如果不再只視為衣版，就會得知COMME des GARÇONS不僅展露製作內部，還可得知展露襯布、裡布和縫邊的衣服靈感是來自翻面。可是，如何劃定衣服的未完成領域界線，又如何劃定完成領域的界線呢？是誰規定平布換成別的素材，縫製、燙平，從人形台取下之後，就是完成呢？如果設計是自由創作行為，哪個階段才算是完成？應該是由設計師決定。

設計不是始於基本款連身服，或是夾克加上褶邊或皮帶，而是始於在人形台上披上一塊平布。排列放置衣版、襯布、裡布、表布等，不斷反覆徹底審視，以創作者的零觀點，重新尋找設計要素。現在、完成、未完成之間的界線逐漸模糊，表層和裡層的交界也將消失。

將衣服的生成過程回送至時尚設計，川久保的作業方式是深入探索衣服內部，將聚焦光線投射在潛藏於內部、或是無人理會的形式上。這是工作室工匠的內化作業。這種設計的成立，是將衣服生成現場的所有製程，視為設計的起源。

### C 襤褸服的嶄新

如果「未完成」系列是引用「尚未」算是衣服的服裝；「已經」衣服打算終結的是襤褸服、袋裝女子、廣島原爆裝等貧窮主義的服裝。

彷彿素材、輪廓瓦解崩潰的形狀，幾經洗滌而縮小的布片展露出獨特的風格，破洞、破綻而產生的無秩序，這是負面美學，別具一格美感意識而展露的風格，正面衝撞八〇年代初期性感和華麗相互競爭的時尚潮流，因而立刻獲得矚目，成為川久保揚名巴黎時尚界的契機。

川久保出生於一九四二年，是受到嬉皮文化洗禮的世代。她熟悉舊衣、破洞牛仔褲、渲染T恤等當時的反時尚，她應該很輕易地就接受這些事物，或者說這才是她的時尚原體驗。可是，思考川久保長期以來的設計結構革新性，想必起因不是如此簡單。

觀察八〇年代COMME des GARÇONS的作品，一九八二年，相繼發表開洞毛衣、彷彿刀割般的鉤破、不收邊的外套、縮呢加工的毛料、將染色素材褪色、貧窮主義相關的作品，恐怕有必要重新審視川久保的貧窮主義、襤褸衣等相關作品。

川久保曾言道：「我喜歡惡搞布料。」在老舊、缺乏彈性的素材所產生的輪廓當中，她清楚發現了美的所在。可是，這種美，和「空寂」、「閑寂」等恬靜的美感意識，各異其趣。

川久保的創作行為絕對缺乏某種死亡的概念，即使在她偏好的設計，例如破爛襤褸的素材、破洞的服裝、差不多可丟棄的服裝，都感受不到哀愁、懷舊、不期而至的人生終點等氛圍。

使勁撕開的布料裂縫、幾經洗滌而僵硬縮小的毛料、下垂的脫線布邊，打造出曾經承受強大負荷的力量痕跡。

一九九四年三月發表的系列「METAMORPHOSIS」(圖9)，正值東歐民族紛爭戰亂方興未艾之際，因而遭到強烈的批判。

媒體命名的「拘束服」，像是打著石膏般、以綳帶纏繞捆住身軀和手臂，限制手臂行動的卡其色上衣。兩側腋部鬆垮垮的，只有披在肩上的襯衫。腰部荷葉有著衣襟和胸部口袋的痕跡，像是一件縫合衣服殘片的上衣。

望著一頭亂髮、表情冷漠的模特兒走在伸展台上，或許有人會聯想到戰爭難民或是老弱殘兵。可是，我們所需要的不是形容這些印象的詞語，而是必須反觀川久保這位工作室藝術家的創作原點。

這個系列主要使用縮呢加工的毛料。經過激烈水洗而緊縮的毛料，因而起毛、具有伸縮性，再使勁大力扯開，將手臂、身體等上半身都捆包在一起。布料兩端再使勁拉長、捻成棒狀纏繞，利用毛料的伸縮性和摩擦力，不需別針也能夠緊緊固定於身體。這就是將手臂和胴體一體化、無袖的拘束衣。

撕開的布片，則放任纖維線頭鬆脫下垂，無一定長度的裙子，利用伸縮性，隨著腰部纏繞而上，捲起布尾，就可像鬆緊帶般地固定。

比身體小一號的襯衫、毛衣，因為勉強擠進穿上，所以兩側腋下撐開，反而打造出微妙萬千的表情。

不使用鈕釦，將布料兩端打結固定的上衣。彷彿倉促修改舊襯衫般、腰部荷葉部分垂著胸部口袋棉絮不收邊的背心。或是腰部荷葉脫落掉下、腰部空蕩蕩的夾克。

川久保暴力對待素材，形成素材負擔而劣化，再由此創造形狀。如此手續繁雜的工程，絕非貧窮主義、反時尚等襤褸衣這種表面印象能夠一言以蔽之。這是經由熱情、意志所鼓動的實驗創造行為。

不計繁雜地製作不做作的襤褸服。破洞、下垂棉絮，令人覺得似乎容易解體，其實背後隱藏著追求服裝耐久性的紮實技術。因此，《費加洛報》批評「醜陋的偽裝高雅」，《PARIS MATCH》雜誌批判「花錢展露貧窮」，其實都說得沒錯。

迪耶・薩迪奇（Deyan Sudjic）在《Rei Kawakubo and COMME des GARÇONS》中介紹，當時的川久保將揉得皺巴巴的紙或是剛從枕頭上取下、還未翻面的枕頭套交給打版師，然後表示希望製作這種的衣版（註19）。皺巴巴、衣角縮起捲起的素材，或許確實是川久保的喜好，然而這些素材、形狀的使用方式，並非懷念感傷這些枯朽老舊的事物；反而是她積極嘗試以劣化素材的特有性質，能夠打造出哪種形狀。

9. 1994-95 秋冬系列。1994.3.

若從這個角度觀察貧窮主義的服裝，而說川久保是反時尚的旗手，或說是嬉皮世代的設計師，並不確切。因為，如果僅是想重新發現舊衣的優點，她大可像後來的年輕設計師，直接在真正的舊衣上做文章即可。

然而她卻是大費周章地製作襤褸服。這是川久保所言的創造——「綻放著深奧存在感的嶄新事物」。無論是惡搞布料，或是促使素材劣化，應該都視為是創造「前所未有的嶄新事物」的手段。

## D 告別物語

時尚有兩種掌握方式，一是複數性，另一是單一性。

以複數性掌握的時尚，獲得大眾的支持，成為大量商品，滲透市場。形成風潮、席捲大街小巷的年輕時尚屬於複數性。可是，在此必須重申本論述所言的「時尚」是單一性的時尚。

這種「時尚」，性格上只有「流行」和「過時」之分。存在於兩者之間的是複數性的時尚。在本論述中登場的設計師，都希望創造前人未及、全世界唯一的流行。他們打造的時尚只具有兩種時間。「現在誕生的事物」和「過去誕生的事物」。

這種獨具一格的特性，促使時尚和時代密切關聯。這些不連續的「現在」表象，形成時間的記號，連接著時代。最顯著的例子，就是一九四七年克麗絲汀迪奧發表束腰裙，裙幅彷彿是盛開的高傲花朵，後來稱為「新風貌」（new look）的洋裝，見證第二次世界大戰終結和新消費時代揭幕的交界點（圖10）。由此可知，時尚成為特定時間的表徵，獲得世人共通的認知。時尚持續生產，促使時間的變換裝置不停轉動。

如果認為時尚形式和時間相關，在持續生產的「當下」之中，其實還包含著「未來」「現在」「過去」等三項要素。設計師將這三項要素化為「當下」的形式。設計師進行設計是推出未來款式，推測未來新科技。設計師是以全球時事、街道時尚為主題而構思。設計師是誘發人類緬懷古老時光。

內含時間的時尚，喚醒觀看者共通的似曾相識之感，因此即使從未親眼見過宇宙服，腦海中都能浮現曾經看過或是聽過的太空時代；或是看見電腦合成圖像，就聯想到電腦遊戲世界。對於完全不認識的物品，我們難以標示未來或過去。而和時間相互連結的時尚設計，無法拋開時間孕育而生的故事。即使是重新混和的形式，我們仍會視為是時間片段的拼貼方式，例如「六〇年代和八〇年代」。最重要的是，只要包含著時間，就無法「打造前所未有的衣服」。

川久保的創造，欠缺「未來」「現在」「過去」等共通故事的時間感覺。川久保拉進「現在」的時間，對衣服而言，只有「尚未」和「曾經」。兩者毫無時間關聯地並列著。

10. 克麗絲汀迪奧，新風貌。1947.
©The Kyoto Costume Institute, Photo by W. Meyer

即使是在發表當時，恰巧碰上波士尼亞發生的事件，而遭到批評；然而「METAMORPHOSIS」並非以難民或老弱殘兵為靈感，而應視為是使勁扯開縮小毛料、創作造型的問題。

由此可知，COMME des GARÇONS 斬斷故事所牽引出的共同體驗，遮斷具有默契的眼神。川久保為了打造獨一無二的服裝，隔絕六〇年代輕快可愛的小女人、或是八〇年代自信滿滿的職業婦女等人類集團共同認知的「風格」，從「過去」跳脫出「現在」「未來」的密閉時間循環，重新審視設計。

她觀察破洞的服裝，不將其棄之如敝屣。川久保的創作根基在於不斷「觀察」服裝本身。從製造過程到穿著破舊，她固執頑強地層層解析、絲毫不放過任何細節的觀察行為，打造嶄新的設計。

《VISIONAIRE》雜誌曾刊載篠山紀信在《Six 1/4》的拼貼照片（圖11），十分趣味。胸部、背部、腰部裝著像腫瘤般羽毛墊的透明喬其紗襯衣照片，和魚的內臟、魚鏢、魚眼等照片並列刊載。背部和腰部蓬蓬的、芭蕾舞伶衣裳般的透明白色洋裝，和白色魚鏢並列著。赤紅色洋裝旁，聚焦放大的是眼白部分滲著紅血、紅金眼鯛的圓瞪大眼。切著刀紋的銀白魚，聚焦放大刀紋切開處的紅肉。照片的配置排列，意味著怪異身形的洋裝下，是活生生、充滿血色的生命物質，具有肉的重量，而且正在呼吸著。

11.《Six 1/4》。1997.

觀察。使盡全力透視、觀察。彷彿攝影家鏡頭視線的創作本能，正是川久保看穿衣服內部、射向衣服和身體之間界線的視線。

川久保曾言：「什麼都不觀察，就能創作，這是不可能的。」她繼續說：「觀察大石頭、海浪等。」然而川久保最仔細觀察的就是衣服本身；然後，加入觀察岩石、海浪所獲得的感動。

川久保也會上街，逛百貨公司，觀察市售的服裝。「可是，我出門觀察，並非想要配合，而是想要逃出（街道時尚）。」

外出上街，只是為了觀察應該切割捨棄的服飾，打造和既有服飾清楚區隔的嶄新服飾。

## 2—3 BODY MEETS DRESS

### A 解體和禁欲主義

COMME des GARÇONS 的設計，透過交錯、偏移、置換、交叉、反轉等技法，變換服裝的部位和意義。上和下，表和裡，前和後，男和女，未完成和老朽，透過置換、重新審視，然後重生。

在一九九八年三月的「FUSION」，夾克的衣身部分夾雜著裙子，創造出裙腰位置的嶄新蓬狀。一件夾克的衣襬部分，垂著像是衣袖的物件，究竟是衣袖？還是皮帶？還是僅是下垂的筒狀裝飾？一九九四年十月的「TRANSCENDING GENDER」，裙子前側，竟然倒吊貼縫著繫著腰帶的褲子。所有觀眾在對各部位持有的傳統固有概念下，躊躇著該稱這些為衣袖或是褲子？

川久保將衣服解體，加以異位，進而創造出嶄新型態，將時尚設計從流行顏色、素材、輪廓、裙長等有限選擇當中，拯救而出，解放自我束縛的設計規則或美感規範。

川久保所解體的衣片，為了尋求新的場所，在人形台上周旋繞行著。夾克、外套的裡布、襯布駐留於表面，將幽閉於內側的美，展露在世人眼前。夾克右側是短的，到了左側之後，卻變成長的，為設計增添個性。走動時，不對稱的衣襬，只有單邊隨之擺動。穿在裡面的蓬蓬褶邊，在小外套的擠壓下，從衣襟、袖口、前衣身縫隙間，爭先恐後地展露出來。

所有的作業程序，都成立在服裝製作現場的工作室、打版室、縫製工廠、素材廠商、染色工廠等生產製成中。所以，以往，我們稱川久保為工作室的設計師。

川久保的嫡傳弟子JUNYA WATANABE COMME des GARÇONS的渡邊淳彌，將自行車輪胎車軸縫入衣服，形成立體角度的服裝，將背包試著做成大蓬裙的裙撐。山本耀司運用改變各種位相的多樣手法，例如將部分衣服混入手提包當中。在川久保的作品中看不見這種手法，也不會有當代設計師經常引用網球服或滑雪裝等的設計，更不會有擷取民族服裝、度假服等精髓的設計。她的設計選擇可說具有禁欲性格，都鎖定在工作室周邊。

細心拾集衣服解體的殘片，再重新架構，設計靈感不是引用外部，而是重新審視服裝本身，以便設法打破時尚設計的極限。由此可窺見川久保的創造規則和美感意識。

令人聯想到工匠一絲不苟的精神，同時這種排他性潛藏著某種殘酷。在這之後，我們將面對這種殘酷。

## B 身體的零度

「NEW ESSENTIAL」以人形台和排列其上的衣版為構思，合身剪裁的外套，細膩精緻的雕繡蕾絲洋裝，登場的是絕對無人穿著的裝置作品。這些都是人形台形狀平布洋裝的單邊，或是吊掛在前衣身的附屬品或裝飾品。人們看到了從未穿過的衣服。

衣服本來是披掛在身上的，所以人體理所當然地應該受到衣服的包覆，身體和衣服是休戚與共的親密關係。

可是，這裡卻不存在這種關係。內側孕育空虛的衣服誕生，永遠不可能包覆穿著者。雖然就在身體前面，卻不和身體相會，看起來只是滑過身體表面。

展示這種身體和服裝之間的關係，而且稱為「本質」，其中潛藏著川久保對時尚設計的根本想法。

川久保認為時尚設計的本質，就是在人形台上摸索衣服的嶄新形式。形塑著人體形狀的人形台上，應該如何擺放衣版，然後會誕生哪種形體，是否能夠成為衣服等這些界線上的探索，應該就是 COMME des GARÇONS 的設計本質。

川久保的構思源頭不是來自於穿著衣服的身體，或是裝飾著衣服的身體，而是設計衣服本身。穿上衣服之後，看起來知性或是性感等這類同一性的期待，她從不碰觸。

這類事物，她任憑穿著者決定。實際上，品牌具有許多一看便知的設計，穿著 COMME des GARÇONS，形成具有「接受嶄新事物」、「具有自由價值觀」等共同印象，然而在創造的現場，她始終保持著身體的零度。穿著主體不存在的冷酷觀點，彷彿規範穿著者，同時亦為遏止設計的僭越。這可說是川久保的美學。

因此「NEW ESSENTIAL」所提示的本質關係，明言在設計行為上，根本不需要人體夾在人形台洋裝，以及其上添加的空虛服裝之間。

COMME des GARÇONS 選擇這種方式，已經跳脫以往的時尚制度和文法。

每半年發表最新款式的巴黎時裝週，不再是為下一季女性穿著外觀提供時尚潮流，而是重新質詢、並不斷改革時尚設計行為本身。這正是 COMME des GARÇONS 所具有的革新性。

### C 身體性的咒縛和嬉戲

一九九三年十月「ECCENTRIC」，登場的是經過不斷切割重置之後，勉強可稱為衣服的作品。一對衣袖僅以絲帶連結、沒有衣身的夾克。柔軟喬其紗縫製的長洋裝，兩袖部分披上男士西裝素材的袖子。袖口縫上約一公分寬的長緞帶，在頸後繫著一對衣袖；細緞帶綁著小蝴蝶結，勉強將衣袖停留在肩上。雖然仍然想稱為「衣袖」，但是對川久保而言，那是夾克，工作人員也都稱夾克。這是一件去蕪存菁的夾克。

只有衣襟、沒有任何衣身的夾克，在一九八八年三月「RED IS BLACK」登場。在「FUSION」登場的作品，前面是如假包換的壓褶連身服，後面卻看起來像是頸掛式圍裙的洋裝。

觀察 COMME des GARÇONS 的設計活動，這種「缺陷」並未特別成為重要主題。雖然如此，也不能忽略這種手法是為了逼使設計本身趨於臨界點。

如果觀點是立於服裝是包覆身體的事物，時尚設計就無法擺脫身體這個支撐體的制約。

如果衣服從身體這項拘束獲得解放，得以脫離身體，時尚設計將獲得無窮豐富的自由。人們能夠拉開衣服與糾纏著衣服的身體的距離嗎？這種缺陷百出的手法，只是暫時不解決時尚設計依附著身體、受到與身體之間濃密關係束縛的極限罷了。

在某種意義上，沒有一個時代的時尚設計能夠像二十世紀，既將身體從衣服解放；又被迫屈從於身體。追求舒適性和功能性的衣服，要求必須縮小和身體的距離，變得更輕盈、更小巧，彷彿是服貼在身上的第二層皮膚。然而，這也同時侷限了設計的空間。

十八世紀的歐洲，頭戴超過一公尺的假髮，身穿裙寬兩公尺的衣裳，將衣服的裝飾範圍無限擴大（圖12）。當時的時尚設計將身體變成束腹或裙撐，設計師能夠隨意地裝飾身體。單純的自由裝飾創造程序，將時尚設計從現今注重舒適性和功能性的條件中，加以解放。

二十世紀的活動性衣服，依照顏色、素材、體型而成的輪廓，形成特權式的流行語言。時尚設計的自由空間因而狹隘，隨著近代化，成為以舒適性和功能性取悅穿著主體的裝置。

香奈兒的偉大之處在於透過穿著衣服，促使女性更易行動，更為活躍，並且促使女性認知這是一種「美」。她將女裙長度拉高至膝蓋，採用向來是方便男性勞工活動用的單面平紋緯編布，縫製成套裝，讓女性在穿著之後，親身感受並驚訝舒適的活動性，不僅解放行動，還解放了精神。時尚設計很少能夠打破身體軀殼，並具有對外宣示的意識。香奈兒的單面平紋緯編布套裝卻是珍稀實例。一九〇〇年代初期，保羅．波烈將女性從束腹解放，然而這位高級訂製服設計師，卻未能將女性從宴會娃娃角色中解放。

一九一六年，香奈兒推出單面平紋緯編布套裝之後，女裝快馬加鞭似地越變越小，越來越容易行動，越來越容易穿著。六〇年代安德烈．庫雷熱（André Courrèges）發表迷你裙，七〇年代聖羅蘭（Yves Saint-Laurent）發表長褲套裝，一九八九年，三宅一生發表刺青印花滿布全身、緊貼身體線條的薄緊身裝，站上這股風潮的最頂點。這是衣服成為第二層皮膚、和身體合而為一的時刻。從運動性觀點考量，容易穿著的服飾，其實就像皮膚般密合服貼在身上，貼合

12. 18 世紀的洋裝
©The Kyoto Costume Institute, Photo by Tohru Kogure

到感受不到穿著衣服。三宅的刺青套裝就是追求極致之後，所誕生的型態。

如果時尚設計能夠從身體形式中獲得自由。如果人類不會動。如果不需考慮交互向前邁進的雙腳或雙手。如果手腳有三隻、五隻，時尚設計應該會更自由。

解除身體性這項二十世紀咒縛，重新解放衣服，或是反向利用這個難以忽視的身體性，加以操作變化。川久保使用缺陷百出的手法，促使時尚成為打破依附身體這項時尚設計基本文法的行為。

## 2—4 時尚設計的真實

COMME des GARÇONS從一九八八年三月的系列開始，每季都將創作主題化為言語。這是為了能夠回答記者在服裝秀之後必定提出的問題——「本季的主題是什麼呢？」這些主題由公關部門以口頭傳達。每季主題並非是公關活動或店面廣宣活動中揭示的口號，沒有正式公布等這類的宣傳，不過為了提供參考，以便了解川久保創作的方式和方法論，以下為各季的主題。

八八年三月　RED IS BLACK
八八年十月
八九年三月　從MANISH JACKET解放
八九年十月　精神的振作
九〇年三月　SWEETNESS MODERN
九〇年十月
九一年三月　CHIC PUNK
九一年十月　UNFINISH

九二年三月　LILITH・BLACK

九二年十月　ULTRA SIMPLE

九三年三月　SYNERGY

九三年十月　ECCENTRIC

九四年三月　METAMORPHOSIS

九四年十月　TRANSCENDING GENDER

九五年三月　SWEETER THAN SWEET

九五年十月　KALEIDOSCOPE

九六年三月　FLOWERING CLOTH

九六年十月　BODY MEETS DRESS, DRESS MEETS BODY

九七年三月　ADULT PUNK

九七年十月　CLUSTERING BEAUTY

九八年三月　FUSION

九八年十月　NEW ESSENTIAL

九九年三月　TRANSFORMED GLAMOUR

九九年十月 UNFORCEMENT
○○年二月 HARD & FORCEFUL
○○年十月 OPTICAL POWER
○一年三月 BEYOND TABOO
○一年十月 ETHNIC COUTURE
○二年三月 KNITTING IS FREE
○二年十月 EXTREME UNBALANCEMENT/EXTREME EMBELLISHMENT
○三年三月 SQUARE
○三年十月 EXCELLENT ABSTRACT/ABSTRACT EXCELLENCE

從一系列主題中，可看出川久保從抽象觀點來構思設計，透過混和衝撞異質事物、進而產生能量充沛的設計（FUSION），或是力道十足、衝擊視覺的設計（OPTICAL POWER），川久保選出觀念性主題，從各種角度重新解釋，設法創出不同形式。「KNITTING IS FREE」看似是具體的主題，但是內容並非端出各式各樣的毛衣或針織衣，而是運用針織衣的伸縮性，設法將走樣變形成為服裝，挑戰設計的極限。

這些主題中並無時尚常見的動人抒情話語，令人聯想到設計背後的故事；也沒有將某種女性形象塑造成女神，再搭配衣服的設計等平凡庸俗手法的痕跡。

運用時間的掌握方式，切斷和故事關聯的概念式構思，和圍繞著衣服的神話絕緣。可是，欣賞過服裝秀（COMME des GARÇONS從一九九六年三月後，開始稱為簡報）的觀眾，經常困惑這些話語和所見到衣服之間的落差。例如「ULTRA SIMPLE」，觀眾卻看到複雜組合的衣版、完全稱不上簡單的設計，和意義大相逕庭（參見「衣版的冒險」章節）。簡單，通常令人想起毫無裝飾的基本衣服。可是在「ULTRA SIMPLE」當中，卻看見複雜、精心打造的設計服飾，例如褪去染色布料的顏色，以便製作老舊斑駁的印象，或是以褪色素材製作身體和手臂都塞進蛋型上半身的拘束服，或是裡布從衣領、衣襬露出。以西裝布料製成的低胸洋裝，裙子部分任意加入複雜的切割，再捏起布料做成一個超大球體的形式。

在設計結果中，觀眾如果打算尋找「ULTRA SIMPLE」，只會讓自己陷入一片混亂。可是，如果能夠了解這個系列是在於追求最小限度的衣版數，嘗試一張衣版的極限和形式可能性，縱使是精心製作、輪廓細節複雜的作品，仍然符合川久保所稱的「ULTRA SIMPLE」。

解釋川久保語言時，必須注意這些主題用詞，並非傳達完成形式，也非暗示系列最終完成的視覺印象。

服裝秀或登場的服裝表面印象，和這些主題語言之間，具有落差。然而，觀察每件作品的製作態度，就能夠得知這些語言是川久保的創作方式和方法論。川久保的創造行為，她的時尚設計並非從服裝印象獲得靈感，而是隨著每季的主題，從人形台上的平布上開始摸索嶄新衣服形式。由此可知，川久保每季挑選的主題用詞，代表著創造現場的真實狀況。

「我想要設計前所未有的衣服。我不想製作和自己過往作品相似的衣服。」（註20）這股設計決心，促使她每季都必須從零開始，重新掌握衣服的結構，發現嶄新形式。這是川久保玲和打版師對創造「前所未有衣服」的挑戰。

## 2—5 界線上的舞蹈

時尚設計從身體形狀引發靈感，進而誕生，同時也受到限制。一九九六年十月的「BODY MEETS DRESS」中，川久保發掘出突破點，解決身體和時尚設計之間雙面刃的關係。緊密貼合身體、伸縮性素材製作的連身服（圖13），單邊的肩、腰、背部、下腹部等內側縫上枕頭般的大型羽毛墊。穿衣展示的模特兒，有些像是背部拴著天使小翅膀般的膨脹物，有些像是肩膀脫臼的橄欖球選手般單肩鼓起腫脹著，有些像是大蛇纏繞腰部般扭曲腫脹。伸縮素材的洋裝，不僅縫製出形狀不定的腫瘤，同時也描繪出女性胸部和臀部的凸翹，打造出前所未見的身體形式。攝影席上鼓譟嚷著：「加西莫多（鐘樓怪人的名字）！」

衣服和人相互逆換型態，相互侵蝕，相互混和。為了拓展時尚設計的可能性，從身體形式脫離，反而陷入和身體關聯更糾纏的矛盾遊戲中。可是，這種構思過於新穎，讓長期習慣優美身體神話的時尚，為之啞然。

自從參加巴黎時裝週之後，向來給予川久保前衛性正面評價的《紐約時報》艾米．斯賓德勒（Amy Spindler），連她的評價都參雜著複雜情緒，她寫道：「川久保表示，她凝視未來而創作，雖然無法融入時代，但是許多想法在後來的確依照她所預言（例如解構）。這些嶄新的形

13. 1997 春夏系列。1996.10.

式，在幾年之後，是否仍為人所言是曾有反抗觀點呢？我認為有其難度。」(註21)

腫瘤洋裝在時尚界投下震撼彈，令人質疑這種是否算是時尚。不過，藝術界反而欣然接受。《ART FORUM》雜誌(註22)艾爾．希爾頓（Als Hilton）語帶揶揄地評論時尚的幻想：「川久保的最新作品，能夠不帶偏見、不認為這些突起是腫瘤，或是在不受好惡自己身體這種幼稚想法的主觀牽引，只有這些人能夠欣然接受這是超現實主義。……穿著這件洋裝的自己的確奇妙，顯得異常突出。可是，這些都是刻意的，這不是現實當中的自己，而是超現實的世界。然而我無法直接混和。川久保在結構、選擇上，推出含有各種意義的腫瘤，是唯一以視覺風格展現超現實手法的設計師。水牛比爾（《沉默的羔羊》中的一角）偽裝成兩隻腳中間難看的東西，為了成為除了他以外的人，為了成為他夢想中的女人而穿衣。時尚界的人仍然相信這些夢想是可能實現的。」希爾頓批判川久保設計服裝的世界，完全不同於希望那些透過衣服、幻想變身願望得以實現的人們。以衣服為媒介的川久保創造行為，遊走在時尚設計和藝術的邊界，腫瘤洋裝遺棄相信時尚夢想的人們，也超越他們的夢想。

在發表腫瘤洋裝時，川久保所面對的困難，是無法找到能夠成為時尚穿著的身體。

等到腫瘤洋裝結合梅西．簡寧漢（Merce Cunnigham）的舞蹈之後，才注入了新生命而甦醒。小林康夫評論簡寧漢的舞台：「身體為世界而開放，在和世界『共同存在』當中，發現新身體，進而不斷創造，永不結束的舞蹈。」（註23）在表演當中，COMME des GARÇONS的洋裝隨著鍛鍊有成的舞者肉體，力道十足地在空中飛舞，腫瘤隨著身體動作，時寬時縮，顫動著生命的躍動。

肉體和洋裝的對抗和融合。川久保為衣服帶來的力道，在遇見舞蹈藝術之後，終於尋得朝氣蓬勃、大放異彩的舞台。這種令人會心一笑的的合作形式，在十足力道當中，洋溢著無限歡樂和嬉戲，衣服隨著身體存在，身體隨著衣服存在，開拓了實踐同獲幸福的自主和解放的嶄新次元。

「即使在公司內部，展示給參與製作以外的工作人員時，大家都沉默不語。雖然我請他們好歹說句話，其實感到十分孤獨。」（註24）川久保敘述當時的情形。這是一個踏入前人未開的領域、設法拓寬時尚境界、孤軍奮戰的前衛創作者。因為，川久保所抵達的境地是突破時尚世界的藝術世界。

## III

COMME des GARÇONS 研究

# ビジネスもクリエイションの一環です

商業也是創作的一環

時尚設計中具有另一面——商業。商業的成立，在於讓具有時尚附加價值的衣料流通市場，且讓顧客支付對等金額，以持續設計行為，同時對設計產生制約。設計師擁有進行實驗性設計或複雜設計的「自由」，然而，作品無法獲得市場認同，視為符合對價的商品時，就只能是提供時尚評論記者視覺享樂的參考商品，或只是炒熱服裝秀的舞台裝。

對設計師而言，想要張開想像力的雙翼，打造自由奔放的設計，就必須維持設計的品質，並面對現實迫切的問題，那就是開發能夠推上生產線、陳列店面、進而銷售一空的商品。顧客不買單、不穿，服裝無法成為時尚，流通市面；企業就無法存活。

最新時尚的壽命期限只有一季，因此需要有能夠立刻風靡市場、銷售一空的戰力。所以，時尚產業和生鮮食品產業可說是毫無二致。過季的時尚服裝等同於開始腐壞的蔬菜。商品魅力來自於能夠凸顯設計師個性、令人愛不釋手的設計性（顧客願意挑選）、稀少性（生產量稀少，能夠反映價格）、品質（複雜製作也會反映價格）等，才得以立刻擄獲目標市場。為了在最佳時機輸入市場，必須管理日程，這也是對時尚設計綁上創作制約。

說穿了，充滿設計師創意的衣服對業務部門而言，是能夠在短期內銷售流通的商品，這就是時尚產業。時尚產業得以成立，關鍵在於時尚設計。

持續前衛設計，並視為商品輸入市場，還得確保企業安定。為了維持彷彿在走鋼索的狀況，川久保採取的策略是自己兼任總經理，掌控經營權。

品牌初期雖然深具個性，但仍是較易搭配穿著的針織服或直線剪裁，後來轉變成以前衛創造性為賣點。在這段過程中，川久保自行縮小 COMME des GARÇONS 的營業額規模。她深知前衛設計適合特定顧客，市場有限，所以刻意侷限。另一方面，她推出 tricot COMME des GARÇONS 和 robe de chambre COMME des GARÇONS，那是具有設計性、又容易上手的品牌，藉以維持企業規模，取得平衡。這是經營者川久保的決斷。

面對「您設計的目的是什麼呢？」這樣的問題，川久保回答：「為了自由存在。」她一一重新審視已成常識的規則，摸索嶄新的設計，或是重新檢證傳統方法。為了開創嶄新的發展，善用詳細調查的結果。川久保運用時尚設計這項表現手法，無視理所當然的事物，絕不放棄，絕不忍耐，從自由的觀點，打造嶄新事物。

可是，時尚設計不可能擁有毫無限制的自由。一味自由奔放地創作，卻沒有任何人願意穿著的話，那就不是衣服，更脫離了時尚，只是造型十足的布料殘骸。

川久保曾經提及一起共事的夥伴：「和我共事的設計師、工匠，共通點在於認知設計不是紙上作業，而是掌握作業結構的組合置換，並設法面對的態度。」（註25）川久保本身也是如此。為了打造前所未有的嶄新設計，更動製程的順序；並為了縫製、染色等技術引進顛覆常識的方法；以及令人意外的素材使用方法；為了實踐這些方式，她不得不著手改變產業結構。更換順序，重組設備，在實際執行上必須花費不少物理上的手續和成本，經濟效益將明顯大幅下降。也就是說，在自由創造之前，豎立著「商業」這道高牆。

這些耗費心思的手續，不是為了製作高價服飾，而是為了劣化布料；更換製程，為了讓襯布露出表面，設法顛覆縫製的常識。這些都將反映在服裝成本上。如果套用一般商業常識，這些都將視為不合理而排除，如此一來設計的自由將注定趨於貧乏。

一九九一年，川久保獲頒法國凱歌香檳公司主辦的年度最優秀女性企業家獎。這項獎章不同於以往的褒獎，並非讚賞她創造性、前衛性的功績。以女性企業家的成績和貢獻而獲獎的川久保，最初令人有種突如其來、不知所措之感。可是，支持設計師工作室活動和永續的兩大主軸，其中一軸是事業，事業對設計師的判斷影響甚巨，因此，川久保是位創造性的經營者。她的獲獎名副其實。

COMME des GARÇONS 公司創立以來，川久保一直擔任總經理。觀察公司如何支持和克制 COMME des GARÇONS 的創造性活動，了解公司和目前 COMME des GARÇONS 的個性塑造上具有何種關聯，就更能明瞭川久保的設計哲學。

一九六九年，在原宿公寓的一室中，川久保和兩位工作人員開始公寓品牌「COMME des GARÇONS」，一九七三年，以資本金額一千萬日圓成立公司。之後的三十年間，川久保都是握有代表權的總經理，參與企業經營。二〇〇三年，COMME des GARÇONS 旗下有十一個品牌，組織中有三名設計師。川久保掌管六個品牌，渡邊淳彌主持四個品牌，栗原 TAO 負責一個品牌，並沒有助理設計師。三位設計師各自和打版師配合工作。

川久保負責設計主要品牌 COMME des GARÇONS 和 COMME des GARÇONS HOMME PLUS，各每年兩次在法國發表系列作品。她是一位設計師，必須面對令人繃緊神經的巴黎服裝秀，還同時兼顧創造和事業。身為年營業額一百四十億日圓紡織中小企業的經營者，想必經常打斷她在創造上的專注力；或是身為創作者的執著，將收支平衡置之度外，削弱身為經營者的決斷力。聰明的設計師絕對不會忽視自己所懷抱的矛盾狀況，然而她仍然繼續腳踏經營者和設計師這雙草鞋，向前邁進，想必有其用意。

觀察 COMME des GARÇONS 企業約三十年的經營變化，首先引人注目的是除了成立當初之外，從未向外部調度資金，也就是說 COMME des GARÇONS 是一家無借貸經營的企業。參加巴黎時裝週的一九八一年，營業額是四十四億日圓，八七年超過一百億日圓，二〇〇三年時，年營業額是一百四十億日圓，呈現和緩的成長。以 COMME des GARÇONS 的矚目度、知名度、人氣而言，成長率出奇的低。由此可知 COMME des GARÇONS 並非利用知名度、重視營業額的企業，而是總是以創造為根本，追求踏實成長的企業。

經營者川久保對於一般企業順利增加營業額，擴大企業規模，似乎不甚熱中。COMME des GARÇONS 在會計帳上從未出現過赤字，每年順利產出盈餘，是一間穩健成長的企業，然而卻不曾為了擴大企業規模，增開店面，也不利用知名度、多元化，開發一般消費者容易接受的商品，更不進行多品項的授權事業。即使開發了家具、香氛，也不是全權委任代理，所有都歸屬公司的管理體制。由此可知，川久保的經營方針在於防止形象的無限擴散，以設計概念的統一和維持品質為優先考量。

川久保常說：「事業也是創造的一環。」不過，創造就不是事業的一環，事業是為了促進創造能夠圓滑順利進行的要因。事業是基盤，支持創造集團能夠無須躊躇，發展得以說服自己的創作行為，這是身為經營者的川久保所具有的獨自性。她並非積極拓展事業範圍，而是控制企業規模在可管理的範圍內，以便成為能夠持續發表歷經千錘百鍊創作的集團。

她的店面沒有櫥窗，也沒有窗戶，對不認識 COMME des GARÇONS 的人而言，完全無法預測店內擺放哪些商品，這是前所未見的商業模式。通常應該開放給大眾的時尚系列作品發表會，招待貴賓卻嚴選只剩五分之一，可以看出她刻意回歸封閉空間的決心。

14. COMME des GARÇONS 紐約直營店開幕邀請卡。1999.

八〇年代以後，時尚產業的市場戰略準則，就是大量進行廣宣活動，增加媒體曝光度，打造品牌神話和地位，煽動人們的憧憬和欲望。在這種風潮當中，COMME des GARÇONS 反而採取縮窄入口、鎖定特定顧客的經營戰略，和媒體行銷時代的品牌戰略完全反其道而行。這是嶄新時尚的特權化。可是，這種特權不同於高級訂製服，也不同於以往時尚具有的階級特權，而是只針對 COMME des GARÇONS 有興趣之人，敞開大門的特權。一九九九年，在紐約切爾西區的新店（圖14）、青山的 JUNYA WATANAB COMME des GARÇONS、二〇〇一年巴黎的聖奧諾雷市郊路店、二〇〇二年的京都店（圖15）、二〇〇三年大阪店等新店面，都一貫是「無櫥窗店鋪」。

專為贊同者而封閉的空間，向熱鬧繽紛的世界

15. COMME des GARÇONS 京都直營店開幕邀請卡。2002.

誘導特定的人們。這是以堅定意志，貫徹自己時尚哲學的態度。從經營者的觀點而言，可以看出她決定割捨浮動的顧客。

九〇年代初期，川久保就已經說過：「我不認為自己現在的所做所為是安全的。」想必她早已覺悟，持續創造前衛時尚構築在風險之上。身為經營者的她，了解刻意迴避以追求利潤為首務的企業經營和擴大規模，危機將如影隨形，如果走錯一步，將危及公司存亡。

雖然目標是創作集團的企業，川久保斬釘截鐵地說：「衣服終究是供人穿著的物品，僅是穿著者生活當中的一部分而已。」這是她自覺衣服即使是COMME des GARÇONS投注真摯熱情創造而成，在顧客購買之後，就是日常生活中穿著的商品。但她繼續說道：「可是，重要的是設計師是自由的，不受任何價值觀的影響，也希望穿著者能夠共有這項價值觀。」（註26）

在創造時自由奔放、勇往直前，又能冷靜詳細判斷市場的價值，川久保能夠在兩者之間取得平衡，毫不猶豫的推出嶄新事物，由此可看出她身為女性企業家的傑出感性。或許我們可以稱川久保為徹底了解現實的「知性創作者」。這並非是指COMME des GARÇONS衣服是行家的最愛，或指藝術家、知識分子偏好穿著，也不是《金融時報》所指的「知性主義設計師」（註27），而是指川久保製作銷售衣服這項事實。因為她既是職業設計師，也是工藝師傅，但也不逃避成為女性企業家，具有知性內涵。

「利潤是結果。不過，我希望創造結果。」

對川久保而言，成為一位女性企業家，是為了能夠無須猶豫地進行前衛嘗試，持續運轉實驗性系統。

# VI

COMME des GARÇONS 研究

# 私は反抗的です

我是反抗的

4—1 性別的

賦予每個時尚設計特徵的最大要素，在於設計師在女性性別的掌握方式。例如哪種女性形象、素材顏色的選擇方式、身體曲線的描繪方式、衣襟的剪裁、裙長的決定方式，還有裡布、襯布的挑選等細節，都會有所影響。尤其是和身體接觸部分的線條畫法、衣襟的深度、裙長（香奈兒曾說過，膝蓋是女性身體最醜陋的部分，絕對不能展露）、腰部曲線或無腰部等，都會造成一件套裝決定性的不同。尚．布希亞（Jean Baudrillard）認為，穿著衣服的身體上最具情欲的部分，就是衣服和身體之間的界線。他指出：「這是橫亙在兩項飽滿物質之間的橫條，充滿記號力量，因而具有倒錯的情欲功能記號。」（註28）

可是，COMME des GARÇONS 則缺乏這類重大意義。川久保所畫下的界線，從斜擺的布料，產生不正常衣襬線，這點在「衣版的冒險」一章中便已可看見。剪裁布邊不收邊，放任線頭外露，瓦解界線。身體曲度以布料遮蓋，或是利用腫瘤般的布墊，形成凹凸變形；在衣服覆蓋裸體之前，就先暴露衣服內部，或是挖洞展露內部。這種設計的方式，可以明白看出川久保並未在衣服和身體的境界中，發掘布希亞所說的情欲。

川久保讓西洋時尚設計中，具有特權地位的「肉體和外界的界線神話」失去效力。可是，並不是說 COMME des GARÇONS 的服裝缺少情欲。下一節刊載的時尚照片，彼得・林德伯格（Peter Lindbergh）拍攝穿著開洞毛衣的模特兒，就明顯地飄盪著某種情欲，只是並非夾於身體和衣服之間界線所闡述的情欲。

在此，必須以其他觀點來審視 COMME des GARÇONS 的性別觀點。

## 4—2 強度的檢證

### A 穿洞

這是彼得・林德伯格拍攝的時尚照片(圖16)。背景是無機質感的砂漿牆壁，頭髮隨意盤繞的女性面向正前方。寬肩、素顏、粗眉，和直視前方、有著深邃雙眼皮的雙眼。身穿幾經洗滌、衣襟和袖口都已鬆垮、滿布白紋的T恤，再套上一件黑色大毛衣。斜紋毛衣身上、肩上、袖口有著大大小小的開洞。從開洞中可看見皺巴巴的T恤和手臂。

女性的雙眼並非望著眼前正在按下快門的人，她的眼神似乎已經脫離軀殼、神遊到遠方。可是，她的眼神並非發呆。她緊閉雙唇，眼神表達出內心似乎在遙遠他方獲得解放。她毫不在乎眼前所面對的人，不刻意展現自己的美，也不神氣活現地展示著身上的服飾。穿著開洞毛衣，甚至無意識到自己目前所在。女性和觀眾之間，築起一道隱形隔閡，獨自一人在無彩色空間中呼吸著。

這張時尚照片的世界，並無引誘觀者一同進入的親切氣氛，也不是特權風格時尚寫真般的世界，煽動觀者的憧憬。反而令人不明白這張是否算是時尚照片。

16. 1982-83 秋冬系列。Photo by Peter Lindbergh

捨棄搔首弄姿、氣勢凌人，女性堅毅的態度消除了視覺衝擊強烈的開洞毛衣所帶來的斐短流長。高潔靜謐環繞著女性，正確地投射出川久保所打造的COMME des GARÇONS世界，同時感受到川久保本人。

這張照片拍攝出身穿開洞毛衣的美麗，以及令周圍折服的「穿者的堅毅剛強」。

在開洞毛衣發表的一九八二年之前，在高級成衣世界，絕對沒有皺巴巴、破爛不堪、拉扯的衣服。一九八三年，《PARIS MATCH》雜誌寫下「所費不貲的襤褸服」，並標示破洞毛衣兩千五百法郎（約一萬三千一百五十元新台幣）、裂痕T恤七百三十法郎（約三千八百四十新台幣）、不對稱短裙九百法郎（約四千七百三十四新台幣）（換算匯率一法郎＝五．二六新台幣）。當然這不是喜新厭舊的街頭年輕人能夠下手的價格。必須是香奈兒、迪奧，以及當時開始獲得矚目的亞曼尼、凡賽斯等歐洲設計師品牌的顧客，或是同等收入者，才可能負擔COMME des GARÇONS。然而，穿著主張和周圍價值觀迥異的服裝，穿著者亦需有能夠反彈好奇目光的堅韌毅力。

在設計上，將衣服開洞或撕裂，並非特別新穎的手法。六〇年代，皮爾．卡登（Pierre Cardin）便在連身洋裝上開圓洞，露出腹部和肚臍。八〇年代的紐約時尚則是開高叉的緊身裙，行走時大腿若隱若現。然而，這些創意都一眼就可看出是精心的設計。衣服挖洞、開高叉，露出肚臍和大腿，觀者明瞭穿者想要展露的意識。COMME des GARÇONS 鬆垮毛衣裂縫露出的手臂和肩膀，毫無展現的意念，純粹就是被看到而已。這些使勁扯開的洞和裂痕，對觀者產生衝擊。這種衝擊的強度，正是 COMME des GARÇONS 試圖在巴黎時裝週這個大制度下，以及華麗奢侈的勢利主義潮流當中，讓世人真正認識 COMME des GARÇONS 迥異的特性。

川久保強行在衣服上開洞，或製造裂縫。可是，仔細觀察之後，可以看出這些開洞絕非隨意製造的，而是必須經過精密計算，操作規律運轉的針織機，才能夠打造漏針的開洞。在講究秩序的訂製服潮流當中，她的製法就像釘入楔子，扳開裂縫，具有突破並躍向嶄新創造的革新意義。

二〇〇一年三月「BEYOND TABOO」的外套，有著縱貫中央的裂縫。左右裂成兩半、前後都露出胴體中央部分的外套，只依賴背部的細長型布料相連，中央部分是一片空曠的領域。貫穿身體中央的闇黑部分，成為象徵衝破禁忌高牆、一飛沖天的痕跡。

一九九六年十月的「BODY MEETS DRESS」，膨脹羽毛墊縫在身體各處的腫瘤洋裝登場時，獨立報的評論如下：「尚・保羅・高緹耶（Jean-Paul Gaultier）一時玩性大發所創造的形式，川久保卻以一絲不苟的態度面對。川久保非常慎重地將塞得比米其林寶寶（米其林輪胎的形象卡通人物）還要臃腫的模特兒，送上伸展台。」（註29）

高緹耶將連身褲的屁股部分挖圓洞，赤裸裸地展現模特兒的股溝，這種情欲式的幽默表現，引起觀眾席一陣哄笑。然而，川久保在「BEYOND TABOO」中，剪開連身褲的股間部分，模特兒的股下到大腿都毫無遮掩，觀眾受到衝擊的反應卻是一片沉寂。這裡展現的不是幽默風格的西方情欲主義，而是堅定表明自己的意志，打算以沉著有力的視覺衝擊，直接顛覆這個概念。

在《流行體系》中，羅蘭・巴特指出「衣服又想掩飾裸體，又想誇示裸體」。以往的西洋女性服裝觀點是「在某種限度之內，衣服是情欲之物，在這個範圍之內，應該隨處開有破洞，不讓衣服成為眼睛感受裸體的障礙」。(註30)川久保的破洞、裂縫已經打破巴特的觀點。

一九八二年，川久保製作的開洞令觀眾目瞪口呆，為流行世界帶來衝擊，顛覆西方服飾以往的情欲概念。在尋得襤褸服、視覺上不對稱形狀之前，川久保捨棄「掩飾又誇示裸體的服裝」，獲得「展露卻拒絕注目眼光的洞」。面對這些開洞，觀眾無法歡笑幽默以對。

### B 夾克上的胸罩

「BEYOND TABOO」積極選用胸罩、束腹、黑色蕾絲布邊的緞面吊帶襯裙、蕾絲娃娃裝等內衣。這是川久保為了「挑戰禁忌」而採用的手段，設法更換其意義。

選為會場的巴黎瓦格拉姆劇院，大量使用新藝術風格曲線裝飾的露台，深紅天鵝絨的壁紙，仍然留有以女性為賣點、繁華鼎盛的音樂廳榮景。七〇年代初期，賽吉．甘斯柏（Serge Gainsbourg）和珍．柏金（Jane Birkin）合唱、露骨地令人立即聯想到性行為的歌曲〈Je t'aime... moi non plus〉，在歌曲中引爆八卦緋聞話題的喘息聲之下，系列作品登場。正逢參加巴黎時裝週第二十一年、禁欲印象強烈的COMME des GARÇONS，系列的展開方式令觀眾目瞪口呆。攝影席間喝采般地口哨聲四起，會場充滿著高昂的氣氛。螢光粉紅、鮮紅、鮮藍的緞面吊帶襯裙，綴飾黑蕾絲邊，就像是娼婦穿著的煽情內衣，然後隨意披著男裝款式的夾克，或是再罩上肩帶脫落的蕾絲吊帶襯裙。黑底大紅花的印花絨夾克上，縫上顏色鮮豔的胸罩，或是束腹縫在裙子表面。

這次的系列作品，川久保刻意採用煽情的女性內衣、聲色享樂場地、女性喘息聲等露骨的性暗示狀況，試圖顛覆原有意義。

將女性內衣這種可說是煽動對女性肉體淫欲的道具，堂堂展現在光天化日之下，粉碎對看不見的裸體產生的欲望，以及近在眼前、卻無法得手的情欲夢想。堅挺巨大的胸罩緊緊縫著，無畏地展示著。這個胸罩已經不再是掩飾裸胸、具有裸體暗示的欲望道具，而是為了打破禁忌、誓師出征的女戰士的強韌鎧甲，具有源源不絕的力量（圖17）。

## C 黑的表象

COMME des GARÇONS總是圍繞著黑色印象。其實在一九九二年「LILITH」之後，系列作品幾乎不選用黑色，即使選用，也只是在諸多顏色當中的一色。八〇年代，獨霸COMME des GARÇONS的黑色特權地位早已消失。即使如此，川久保仍有黑色設計師之稱，許多人仍然注視著COMME des GARÇONS中的黑色。

在二〇〇〇年九月的日本《VOGUE》雜誌黑服特集中，川久保寫下「黑色已死」的訊息，表明斷然揮別黑色。黑色對川久保而言，早已超越喜愛顏色的範疇，成為特別的顏色，從宣告黑色失勢的表現看來，更顯黑色的特別意義。黑色究竟具有哪種意義，使得設計師深切認為必須將其賜死呢？探究川久保以「已死」表現堅定決心的原因，應是找尋川久保創造根源的線索之一。

在《色彩生理心理學》一書中，敘述黑色意味著情緒不穩定、恐怖、不安、嚴厲壓抑，是不安和恐怖的象徵。在《歐洲的色彩》一書中，黑色分類在一、死亡顏色。二、過錯、罪惡、不正直。三、悲傷、孤獨、憂鬱。四、嚴格、放棄俗世歡樂、宗教。五、優雅和現代性。六、權威顏色。此外，還可加入日本舞台工作人員「黑衣人」所意味的「無」。總之，黑色通常纏繞著死

17. 2001-02 秋冬系列。2001.3.

亡、孤獨、克制等冷酷密閉的印象。

因此，一九八二年三月的巴黎時裝週，COMME des GARÇONS 發表一身漆黑的系列作品時，震撼西方時尚界。八〇年代初期，氾濫著鮮豔色彩、厚墊肩的職業套裝、沉甸甸的金飾等，是極盡華麗誇張時尚暴走流行最前線的時代。可是，在每半年絢爛奢華登場的盛典中，突然闖進的黑色團塊，擅自宣告盛宴的結束。時尚界原本沉浸在香檳鮮花香水的環繞之下，歡欣鼓舞地歌頌財富、優雅和性感，突然察覺方向開始改變。根據日本流行色協會時尚年表的記載，黑色大流行始於一九八二年。當年三月，服裝秀上的深刻印象，造就川久保從此一直受人稱為黑色設計師。

在前述的《VOGUE》雜誌中，川久保舉出一九九二年三月「LILITH」的其中一件作品，表示這件作品最明確傳達自己所思考的黑色印象（圖18）。包覆著手臂和身體的筒狀羅紋針織高領毛衣，搭配長至腳踝的毛喬其紗長裙，全身從上到下都是黑色。嘴部以下，全身覆蓋著黑布，清楚描繪著黑眼線的雙眼，閃爍著挑釁的光采。一身黑的洋裝鎖住身體的輕盈和自由行動，穿著者必須反抗掙脫這項束縛。照片中，可看出衣服和穿著者的力量抗拮、更增添強度之間的張力關係。

一九九六年，在筆者的訪談中，川久保敘述這件作品的經緯：「我喜歡黑色，覺得這是屬於自

18. 1992-93 秋冬系列。1992.3.

己的顏色，所以一直以來都選用黑色。可是，選用黑色就是嶄新，選用黑色就易銷售，每個人都選用黑色的話，就再也沒有意義了。在精神層面上，黑色是很強烈的顏色，具有前衛性，所以我很喜歡。但是如果失去這些意義，我只好割捨。而且任何人對黑色都產生了抗拒。」(註31)

一九八〇年代末期，黑色有「都會保護色」之稱。曾有個笑話，如果不知道巴黎時裝秀會場在何處，只需跟著黑衣服集團就沒問題，因為這些人一定是參加時裝秀的時尚界人士。黑色從八〇年代一路駛向九〇年代，成為基本顏色，成為所有人都穿著的都會主色，因此 COMME des GARÇONS 不得不捨棄黑色。黑色已經失去川久保所追尋的意義。

川久保或許已經預感到時代的趨勢，一九八八年三月，她發表「RED IS BLACK」系列(圖19)。舞台投射紅光，白襯衫、連身服、紅夾克、襪子等系列的開場組合，她將計就計，利用「COMME des GARÇONS＝黑色」的固定印象，將黑色對川久保的意義，以紅色表現。她所選用的紅色是純赤朱色。原本就鮮豔明亮的赤朱色，使用在硬挺布料上，縫製成幾何學形式的夾克，展現出尖銳的強度。紅和白、紅和黑等對比強烈的顏色組合，更凸顯紅色鮮烈的自我主張。二〇〇一年，巴黎聖奧諾雷市郊路店內全面使用的紅色，明顯透露川久保藉由黑色而闡述的想法。

在名牌店林立、巴黎最高級、也是最刺激物欲的聖奧諾雷市郊路上，這間店面位於大樓深

19. 1988-89 秋冬系列。Photo by Peter Lindbergh。取自《Six》Number.2

處，面對中庭，只有一個小型的紅色招牌懸掛在大街上。如果不注意的話，很容易就會錯失。店面所在的大樓中庭，令人想起班雅明所描繪的十九世紀首都巴黎，是乳白色石造建築中庭，而店面像是個赤紅色的巨大玻璃纖維箱，唐突坐落其中。這不是歐洲古建築當中常見的現代裝潢摩登關係，而是在十九世紀巴黎空間中，突兀出現的紅色塑膠方塊，不協調感製造出強烈的視覺衝擊。鮮烈的紅色形成強烈自我主張的象徵，像是個孤傲不群的異物。

川久保從黑色發現的意義，就是屬於這種性質。在色彩紛亂的時尚慶典場合，彷佛突然張開大口的黑暗，衝擊性的黑色令原本興高采烈的觀眾噤口沉默。孤獨、強調個人的黑色。穿著者若能承擔孤傲的強度，則能成為一種象徵，若無法承擔，則將遭到正面襲來的重擊而倒塌，令人心驚膽戰。黑色必須永遠是孤挺在虛渺空中的顏色。所以，當這個顏色獲得大眾的支持，變成個人混入群體中的保護色時，川久保所使用的「黑色」就已經死亡。

二〇〇二年三月「黑・KINT」中，川久保再次選用黑色。可是，「KINT」中的黑色，即使具有和以往「黑色」同樣強勁的力道，卻再也沒有黑色本身的特權性，已經成為大眾保護色的黑色，變成了闡述不同語言的顏色。在這個系列作品中，川久保在伸縮性十足的針織布上，探索出各種形式，為了凸顯這些形式，剔除不必要的要素，所以使用黑色。

已經不能再稱川久保是黑色設計師了。因為時尚世界氾濫著黑色。黑色已經是流行色。上一季的流行色是白色，本季的流行色是黑色，黑色的特權性已經死亡。

## D 對創造的決心

「BEYOND TABOO」以女性內衣轉換強勢象徵的手法，也使用在一九九六年三月的「FLOWERING CLOTH」。布面浮印著唐草印花、內填棉絮的絨布，層層圍繞著身體、只以別針固定的外套或夾克。在這個系列當中，看不見楚楚可憐或妖豔絢爛的花朵。眼中所見的花朵是受到層層蔓藤纏繞的花心、展現強韌生命力的植物。

「創造本來就是強勢的事物。如果創造不出強勢，就無藥可救了。」這句話彷彿是川久保的口頭禪，「強勢」是她貫徹至今的創造表現根源。

發表「FLOWERING CLOTH」的一九九六年，當時的主要流行潮流是混和六〇、七〇、八〇年代等過往風格以及街頭風格，對於凸顯設計師個性的極端創造性，紛紛敬而遠之。

時尚設計必須即時解讀時代氛圍，藉著衣服具體展現，引領大眾。一九九〇年代後半，在回顧二十世紀的意義之下，人們關注過去。在景氣衰退和民族紛爭的狂暴摧殘下，人們疲倦不堪，追求強勢款式的心情早已枯萎。許多設計師工作室遭到收購、合併，為了符合時代的需求，商業主導型的名牌時尚推出易穿、易脫、易銷售的服裝。

對於不斷堅持設計獨特性和創造性的設計師而言，這實在是個艱困難熬的時代，川久保幾乎是獨自一人逆風前進。所以，從「FLOWERING CLOTH」之後，川久保將觀眾人數從一千五百名大幅刪減到三百名。然後完全排除持續數季的背景音樂秀，開始第一次無聲的「簡報」。川久保在筆者的採訪當中，提及這件事情：「最近常覺得很多前來看秀的觀眾都無法理解、無法認同我的想法。我覺得很孤單……。COMME des GARÇONS的衣服是工作人員即使疲憊不堪，仍然不斷地追求再追求，拚命思考，奮不顧身創造的成果。我想要傳達這個創造衣服的態度。於是，我想表現自己的憤怒也是一種訊息。大家覺得我頑固偏執也無妨，反而更增加我想放手一搏的決心（大幅削減觀眾人數）。當我想開了，反而覺得自己獲得自由解放。因此，這次決定徹底執行，不使用音樂，在挑選模特兒時也剔除多餘的。甚至，我乾脆縮小舞台，我希望這些認真製作的作品，能夠在最近距離獲得欣賞。」（註32）

大幅限制觀賞系列作品的媒體人數，會產生哪些摩擦呢？特別是COMME des GARÇONS經常遭到媒體的極端評價。這樣一個持續受到兩極化關注的設計師工作室，邀請卡只寄送給特定媒體，實在很難預測會產生何種摩擦。然而，川久保早已心中有數，她明知困難重重，卻仍然貫徹自己的意志。她不隨波逐流，而是自己設法創造風潮，所以才會總是全力奮戰，努力創造。這股堅定意志才是COMME des GARÇONS的時尚設計，也是川久保的堅強力量。這股堅強力量並非打算威嚇他人屈服，或是征服他人的權力。這股堅強力量是不受潮流吞沒，主張自我，宣告自己的存在，以便促使世人認識不同價值觀。

在「FUSION」系列中，法國世界報婁宏絲・貝南（Laurence Benaïm）觀察川久保的態度，評論說道：

「驚喜總是來自川久保。一九八二年，她第一次參加巴黎時裝週時，領先群雄，採用頹廢，以撕裂毛衣封印亮片。今天，那些破洞在身體和衣服之間甦醒重生。其他人的系列作品都是打造街頭風格，只有她與眾不同，散發著潔白的萬丈光芒。」（註33）

## 4—3 憤怒的性

川久保對創造所投注的真摯熱情，在面對阻力時，經常以憤怒顯現。這股憤怒成為創造能源的精神糧食，呈現在世人面前。

川久保明確道出這股憤怒，而非逞一時口快。筆者在九〇年代二度訪問川久保，她都在訪談中闡述這股憤怒。

第一次是一九九〇年十月系列作品發表之後。這次的系列作品，模特兒頂著一頭銀髮，身穿印著深藍彩色玻璃的柔軟長洋裝登場，令人感受到優雅、知性和成熟的氛圍。這股氛圍在歐美獲得好評，不僅是平常對 COMME des GARÇONS 善意的媒體；即使是經常辛辣批判的記者，也都不吝稱讚，認為川久保終於創造了他們追求的作品。

〈不受到歐洲訂製服或剪裁的侷限，為布料賦予動感。〉《費加洛報》

〈日本的皇后也會開始購買 COMME des GARÇONS 吧。〉《WWD 報》

這些反映出乎川久保的意料之外，她不高興地說：「時尚本來就應該是最新鮮的事物，在精神上必須是年輕的。這是我向來抱持的主張，COMME des GARÇONS 的服裝向來遭批過於年輕，結果只是梳個銀髮就獲得讚譽，簡直荒唐。」（註34）自己的真正意圖未受到理解，只是因為服裝穿在銀髮模特兒身上，就獲得已過中年的記者爭相褒獎：「這樣的 COMME des GARÇONS，日本的皇后一定也會穿的。」她無法由衷喜悅。她對於時尚記者忽略設計師真摯的主張，漫不經心地看待時尚的無所謂態度，感到憤怒和不信賴。

第二次是一九九六年，日本市場流行海外品牌基本款式，以及平淡無奇的設計，對於以冒險性高的設計、強烈展示個性的年輕設計師而言，這是一個容易陷入經濟困境的時代。川久保眼見日本媒體或零售店崇拜海外品牌，專挑容易銷售的簡單服裝，不禁火冒三丈，認為如此一來將無法培育立志為時尚設計努力的年輕設計師，日本的時尚將無未來展望。

川久保的憤怒，擲向那些從不批判制度、一昧接受的怠惰與迎合；對於嶄新嘗試，卻設法扼殺打壓，完全無視正要發芽竄出的價值。

這股憤怒刺激川久保的創造力。一九九二年的「LILITH」，正是「憤怒的性」，將女性性別化為形體的系列。這個系列在「黑的表象」一節中也曾提及，舞台、天幕都是一片漆黑，所有作品幾乎都以黑色構成。川久保表示：「我就是想縫製恐怖的服裝。」

LILITH（莉莉斯）是《創世紀篇》亞當第一任妻子之名。相較於第二任妻子夏娃的個性單純順從，LILITH是集邪惡於一身、令亞當和天神棘手不已、反抗心強的女性。以這個女性名稱為系列命名，川久保刻意選用黑色，而且是無所不用其極：包覆起手臂和胴體、沒有袖子的夾克或毛衣，或是縮窄裙襬幅度，導致不易跨步前行的長裙等。川久保將LILITH投射在這些身穿拘束身體、限制行動的黑衣服女性身上。她獨自一人對抗剝奪自由、強迫服從的強權，縫製女性能夠起身迎戰的服裝，這就是該季系列的主題。

身為LILITH的女性，穿著這些衣服時，身體必須反抗拘束。身體和衣服之間拉距對抗的張力，表現憤怒和抵抗。這些刺激性的服裝不僅挑釁觀者，更挑釁穿著者。服裝中加入約束身體的力量，穿著者在觸覺上感受到壓抑，透過反抗掙脫獲得解放之感。藉著綁手綁腳的拘束感產生憤怒和反抗，表現出衣服和穿著身體之間的關係。COMME des GARÇONS的服裝絕非誕生在毫無不滿和束縛的狀況；也不是提供官能享受的服裝，而是透過憤怒、戰鬥才能夠獲得自由和解放，是具有激烈性格的服裝。

這些拘束服的印象，促使COMME des GARÇONS常和女性主義相提並論，大眾視川久保是強硬派女性主義者。綁手綁腳的女性服裝，象徵社會差別觀點所造成的各種束縛。川久保在九〇年代前半不斷縫製的拘束服，對照負面印象「封閉的性」，這種不自由的服裝形式，的確只會投射出遭到剝奪自由、宛如籠中之鳥的女性身影。

可是，COMME des GARÇONS 堅守孤獨，拒絕「主義」集團齊聲贊同的複數性。川久保斬釘截鐵地言道：「我從不認為自己遭受虐待或差別待遇。」堅毅坦然的態度中絲毫不見一絲被害者的意識。拘束服是為了反抗掙脫拘束而穿著的服裝。為了將體內宣洩而出的反抗能量化為有形，所以需要相互抗衡的身體和服裝。拘束服的誕生是為了表現突破、掙脫的力量。

## 4—4 超越的性別

對於性別角色觀點，川久保的最明確表現，應該是在一九九四年十月的「TRANSCENDING GENDER」。這個系列中，女性穿著向來是男性服飾的西裝，或金鈕釦中山領的學生服風格裝，的確如同文字所示，是以「超越性別」為主題。

憤怒、進而拒絕強迫接受的制度化性別框架，在二〇〇三年自我宣示為女性主義者之前，一直堅決拒絕被歸類在女性主義系統中的川久保，「超越性別」終究是她必須面對的主題。

可是，在討論這個系列之前，必須先談上一季在羽田停機棚中舉辦的男女裝服裝秀。一九九四年一月在巴黎舉辦的男裝系列作品，以及三月的女裝系列作品，在東京舉辦聯合服裝秀。這裡應該就是「超越性別」過程的起點。

這時所發表的女裝系列是「METAMORPHOSIS」。縮呢布料多處撕裂下垂、令人聯想到軍服卡其色的拘束衣。當時正逢東歐民族紛爭的悲慘狀況，使得這個系列飽受責難。然而，將這個系列和同季男裝系列同台，川久保的性別構圖意向顯而易見。

一起發表的男裝系列，邀請來自歐洲的特技演員，身穿明亮的粉紅、藍、黃等多彩顏色、容易行動的毛衣或針織褲，在舞台上歡樂活潑地蹦跳嬉鬧。

樂器敲打得震天價響，男性在狹窄的舞台上空翻、開心熱舞。另一邊，女性則穿著包覆手臂和胴體的拘束服，或是撕裂成條的夾克，面無表情地走著。

男性彷彿正在歌頌人生般熱鬧歡慶；而女性則是表情嚴肅，受到拘束服的束縛。看到如此極端的對照時，通常無法立刻領會川久保的性別觀點。

為什麼川久保採取如此對比的男女姿態，而且刻意以聯合服裝秀的方式加以呈現呢？

想必川久保是希望在聯合服裝秀上，呈現出遭到排擠的男女姿態。男性通常肩負社會責任、努力坐上權力高位、總是小心翼翼地不違反常規、跨越既有概念形成的框架。這些男性總是嚴謹、注重秩序、具有見識。為了依賴這些男性，並獲得青睞，女性費盡心思。這些女性都是順從、華麗、風情萬種。川久保在這場服裝秀中所展現的男女姿態，和刻板的男女印象恰恰相反。

社會制度所形成的性別印象不僅限於女性，其實無論男女，都受到性別的束縛。溫存在社會通俗觀念和習性中的女性性質和男性性質，如果能夠拆除這些框架，就能夠釋放封閉已久的無垢之性。女性就無須在意周邊而諂媚討好；無須畏懼而能夠主張自我。男性則能夠卸下沉重的鎧甲，坦率表現喜怒哀樂等感情。兩性受到自我性別的束縛，所以性別制度才封閉沉悶。女性獲得解放時，男性也必須獲得解放。

對川久保而言，性的解放意味著兩性同時獲得解放。透過這種解放，才使得新鮮的性能夠釋出。這個聯合服裝秀打算斬斷以往束縛兩性的性別制度。

翌年的女裝系列是「TRANCSENDING GENDER」的進階版（圖20）。這次的系列副標題是「女人味的消滅，在稀疏樹影之間，透露嶄新的女人味」。登場的女模特兒，一頭長捲髮，塗上鮮紅的口紅，身穿男性布料縫製、左衽的西裝或大禮服，或是金鈕釦中山領的學生服風格等，都是深具男裝符號的西裝。西裝中，女性襯衫胸部的褶邊若隱若現。搭配夾克的裙子正面縫著褲腳顛倒的褲子。在COMME des GARÇONS服裝秀常見骨架分明的女模特兒之間，出現令人雌雄莫辨、纖細體型的雙胞胎男模特兒，穿著凸顯他們的窄肩、前面縫製著褶邊的透明襯衫和長裙。

張開鮮紅雙唇、露齒微笑、身穿男裝剪裁西裝、瀟灑走著的女模特兒；縮著雙肩、戰戰兢兢登場的男模特兒。女人味這種純真的感受性，不僅是女性的特權，也潛存在男性當中。所以，女人味＝女性性質的方程式應該獲得自由的解放。雖然，服裝秀的架構單純明瞭，卻清楚展現川久保對性別的觀點。

川久保並非拒絕女人味，而是拒絕女人遭到女人味的束縛。同時，她肯定男性也擁有純真的女人味，試圖拭去性別制度所框架的兩項對立方程式——男性性別和女性性別。跨越性別是為了同時能夠作用在兩性、自由跨越兩性，不是只為其中一方開拓新道路。男裝的西裝搭配女

20. 1995 春夏系列。1994.10.

性風格柔軟褶邊的襯衫，打造出嶄新的個人風格，而且可以男女通穿。交換性別符號，自由組合，透過穿著，川久保試圖抹去性別界線。這個系列的設計，讓長期以來扮演「性別符號」的衣服角色獲得解放。

隨後，COMME des GARÇONS 的女性性質更為進化。一九九九年三月的主題是「TRANSFORMED GLAMOUR」。「GLAMOUR」的意思是「充滿著令人心神蕩漾的魅力」。這個詞彙不限定用於女性或男性。

登場的模特兒身穿濃黃、鮮藍、杜鵑粉等明亮色系的格紋長毛花呢，像披肩般地纏繞上半身，以別針固定，搭配亮面迷你裙。圍在頸間的圍巾，綁成大蝴蝶結。大量運用金銀線、珠子、刺繡、拼花等女裝常見的裝飾手法。川久保讓亮面、金銀線等，在夜晚燈光照明下形成陰影，用以凸顯女性身體曲線的素材，導入使用到日間服裝中。亮面迷你裙搭配色彩鮮豔的襪子，以及尖頭西部短靴。模特兒大步輕快地走在伸展台上。以別針固定、纏繞上半身數圈的長布，隨著穿著方式的不同，自由改變形狀，再無壓抑身體的物質。有著健康粉嫩雙頰的模特兒沒有「LILITH」的恐怖表情。光面素材在白晝之下，閃爍著炫目的光芒，更顯輕快。COMME des GARÇONS 的服裝外型以一根別針打造而成，在嬉鬧之間，輕鬆跨越白天和夜晚的藩籬。

相似的男性身影也曾出現過。一九九四年四月，在羽田停機棚舉行的男裝女裝聯合服裝秀上，登場的男性就像「TRANSFORMED GLAMOUR」的女性，非常活潑外向，從多層性別制度包袱中獲得解放。現在的女性已經不再是奮起抵抗的女性，而蛻變成為真實自我、清新、純真的性別。

兩年後，COMME des GARÇONS再出擊挑戰斬斷性的枷鎖。川久保在「BEYOND TABOO」中，展現「強力的內衣」。作品中試圖解放被社會通俗概念圈綁的女性的性，更進一步昇華觀點，將女性肉體象徵的內衣，做為跨越禁忌的手段。總是將女性性質以強力表現的川久保，以往透過黑色、拘束服包覆身體，來展現這道強力；現在則褪去包覆之物，以展露方式，直接訴求主張。

## 4—5 龐克精神

一個無聲的闇黑世界。在無聲世界的深處，有人正在彈著鋼琴。闇黑世界出現裂縫，流洩出琴聲。短暫、不到一小節的音樂片段，似乎是某首樂曲，在靜寂世界中，沒有任何前奏，突然流洩而出的琴音，卻又在側耳細聽之前消逝。繼之而來的是小提琴聲。究竟是什麼人在何處舉辦演奏會呢？這些都發生在瞬息之間。沒有人知道這個無聲世界的裂縫在何處。一九九七年三月，「ADULT PUNK」的服裝秀會場中，從空間裂縫流洩而出的音樂碎片，飛舞在空中（圖21）。

輕柔的雪紡喬其紗洋裝上，縫著衣版形狀的厚布。在錯開之處產生裂縫，裂縫內，喬其布若隱若現地搖盪著。在重疊縫合的兩片洋裝背後，上方的衣版洋裝從背部斜切著曲線，同樣也見喬其布若隱若現。長外套後方的腰部褶襉稍微脫線，橫向裂開。

銳利切開的細縫中似乎將出現什麼。不成調的鋼琴短音，在無聲的世界中，像是尖銳金屬刺向聽覺，就像隱藏在背後的樂曲，細縫間似乎也將竄出某種事物。

可是，鋼琴聲或喬其布洋裝都不是顯現在表面，只是一直吊人胃口，令人覺得某處存在某種東西，卻無法一窺全貌。於是，為了一探究竟，屏氣凝神地凝視聆聽著，感受到從密閉空間內側有一股蠢蠢欲動的能量，正在設法敲出龜裂，打算向外衝出。上野俊哉對 PUNK 的看法：

21. 1997-98 秋冬系列。1997.3.

「PUNK 意指跳脫類型的能力和欲望，就像即將破蛹而出的蝴蝶……。」（註35）喬其布洋裝蘊含著設法敲開包裹自己的硬殼、脫身而出的力量。

COMME des GARÇONS 的系列作品多次挑選暗示 PUNK 或搖滾的詞彙。例如一九九一年「CHIC PUNK」、一九九七年「ADULT PUNK」、二〇〇〇年「HARD & FORCEFUL」（圖22）等。一九九二年的主題是「LILITH」。一九九七年，舉辦從女性主義觀點構思、禁止男子參與的搖滾盛典「LILITH FAIR」，甚至在搖滾界也出現 LILITH 一字。可是，和主義、政治訊息向來壁壘分明的 COMME des GARÇONS 性格，在年份上，可清楚看出「LILITH」和搖滾樂祭的 LILITH 並無關聯。不過，毫不掩飾對束縛的憤怒感和反抗心、具有破壞性行動力的女性莉莉斯，川久保將其奉為繆思的氣魄，的確和龐克具有共通點，並非是牽強附會。

川久保曾在《星期日泰唔士報》的訪談中說道：「我應該是個叛逆者（I must be a rebellious person.）。」（註36）「CHIC PUNK」最初登場的外套上，大大地印上潦草字體「rebellion」，由此可得知對川久保而言，「叛逆」具有重大的意義。

為了不受先入為主的觀念或偏見污染，能以純潔無垢的觀點面對創造，對制度化的事物投以懷疑的目光。抵制權力的涉入，設法飛向更自由的境地，因為那裡存在著 COMME des GARÇONS 的創造原點。

22. 2000-01 秋冬系列。2000.2.

獨創性原本就應該誕生自那片更自由的境地。「反～」只是依附在正統之下的辯證。

COMME des GARÇONS 並非想提出對稱／非對稱、彩色／黑色、富／貧等這類自動聯想的「反～」，她的目標是「創造前所未有服裝」的創造集團。為了具有獨創性，所以必須堅持獨自的源頭。如此一來，才能真正顛覆既有的價值觀，進而跳脫躍進，開始創造。

為了打造「不像自己以往作品的事物」，反抗自己的過去、傳統以及既有概念。她的反抗將直接反映在創造上。反抗是所有前衛創造行為的宿命本性。這些反抗和冀求自由的本能都是一體兩面。所以或許也可稱為創造性的破壞。川久保不斷奔向嶄新創造的力量根源，就是敲碎橫亙在自由創造之前高牆的反抗（龐克）精神。

至此，我們了解川久保為什麼一直強調「創造必須強勢」（註37），彷彿強迫自己必須不斷精進、不斷創造，也可看出她的強力源頭來自何處。

巴黎時裝週自詡為時尚主流。在這個牢不可破的制度中，這位帶著前所未有的美感價值觀、來自日本的設計師，如果不具有強烈衝擊性，想必將立刻消失於洪流之中。因此，衝擊性的「強力」是必要的，而這股「強力」的後盾就是「反抗性」。

向規則秩序開槍，以嶄新意義解讀既存意義，不畏懼孤獨等這些存在於 COMME des GARÇONS 核心的事物，正是為了不遭到體制吞沒、「永遠反抗」的決心。

COMME des GARÇONS 研究

# V コムデギャルソンを着ること

穿著 COMME des GARÇONS

例如，身體只有一邊披著夾克，另一邊暴露在外。暴露在外的手臂會感到寒冷；包著長袖的單邊手臂則覺得鬱悶難受。被夾克包覆的那邊肩膀承受著布料的重量，暴露在外的另一邊肩膀則感受到輕盈的身體律動。變得不對稱的身體，一邊是缺少應有的衣物，另一邊則存在著可有可無的衣物。身體可以明確意識到在不知不覺當中，習以為常的平衡感逐漸瓦解。

失去平衡的身體設法找回消失的協調感；或是接受事實，繼續保持這種不平衡感。無論是哪個選擇，在體會到平衡感瓦解的瞬間，身體意識都將甦醒。

例如將原本袖山沿著肩線到領口的部分，稍微往後移，使得頭部穿過領口時，前衣身會產生不自然的膨脹；或是柔軟布料形成弧狀懸垂，使得後衣身產生奇妙的拉扯。同時，穿著只有覆滿細褶邊的前衣身及衣領的夾克時，所有重量只靠脖子單點支撐；或是用一塊布包住手臂和胴體，使得手臂無法自由活動，這樣的衣服是將身體視為人形台，讓領口、袖口緊緊貼合身體，完全沒有任何的寬鬆餘裕。不但頸部和手臂不得動彈，而且身體有任何動作時，都會因皮膚摩擦到布料，而感覺疼痛。縮窄到腳踝長度的裙襬，限制步伐幅度。當人們穿上 COMME des GARÇONS 時，總是伴隨著這些感受體驗。

穿著衣服，人類是變得自由？還是不自由？

至少 COMME des GARÇONS 從不害怕要求穿著者必須有「某種不自由」。「給予穿著者某種壓力，希望穿著者能夠反抗。COMME des GARÇONS 是為了這些人縫製衣服的。」（註38）川久保斬釘截鐵的闡述著。對她而言，打造嶄新形式的服飾，更甚於縫製舒適衣服。

衣服就像是包上另一層皮膚、必須自然貼附身體。早已如此習慣的二十世紀的身體，在些微摩擦和拉扯的不適感中，喚醒奇妙的身體感覺。這種不適感來自於懸吊半空中的不平衡狀態，絕不賦予衣服和身體貼合的感覺。可是，透過這種感覺，人類開始重新意識到自己的身體。

重疊衣服和時尚二字思考時，發現人類追求超越物質以上的感受。因為穿衣服這件事，確保別人的眼光和自己的關係，也就是視覺的同一性。人類選擇衣服，是為了能在別人眼中呈現某種期待的影像，因而自我扮演。這種自戀的欲望，早已有諸多時尚論述談及。

然而，其實人類身體在充滿不均衡和不安心下，才能更深刻感受到穿著衣服，是為了私下打造表面的協調，獲得安心。更顯年輕的服裝，更顯纖瘦的服裝，更顯性感的服裝，更顯流行的服裝，這些都能夠令人類感到精神愉快，進而感到舒服。不協調的身體，在獲得庇護的安心感和表面協調之下，獲得自信的保證，就像是貼心的鼓勵，所以許多人總是開心地每季添購新衣服，換上更迭交替的流行服飾或價格不斐的設計師品牌服飾。

穿上「漂亮」的服裝，身心同獲安心感。穿上 COMME des GARÇONS，代表顛覆早已視為理所當然的舒適安心感。穿著 COMME des GARÇONS 表示接受自己的身體將一直處於設法取得平衡的不穩定狀態，隨時站在緊張邊緣，逼迫自己體會更新之後的身體感覺。然而這時COMME des GARÇONS說道：「謝謝各位的關心。這是我自己的事情，我自己會設法處理。」（註39）黛博拉・翟爾（Deborah Drier）借用這個表現，投稿至《古根漢》雜誌。衣服離開川久保之後，便和穿著者的身體一同展開冒險。

23. 2003-04 秋冬系列。2003.3.

COMME des GARÇONS 研究

# VI

# 少年のように

宛若少年

從一九八一年初次參加巴黎時裝週，直到二〇〇三年的二十二年之間，川久保的創作活動，以特徵可區分為三大時期。

八〇年代前半的第一期，採用黑色或類似舊衣的處理布料，露出裡布、襯布、口袋等，媒體大眾稱之為貧窮風格的時代。

第二期指的是從八〇年代中期至九〇年代初期，以徹底顛覆傳統衣版的設計縫製為主題。例如讓平面布料沿著立體的身體，以最自然的方式縫製，誕生顛覆衣版製作的基本法則。將拉扯、歪斜、突起等不便引進設計，創造不對稱形狀。

第三期主要是訂定設計主題，加入嶄新意義或解釋，專注重新掌握衣服形狀等創造作業。透過這些不同的時代，我們可以從 COMME des GARÇONS 的作品，得知川久保的創造規則，以及對於性別、身體的觀點。這是一部以反轉、置換、交叉、反覆等方法，試著從各個角度掌握衣服形狀的歷史。雖然整體的共通主題都是不受既有概念的束縛，創造嶄新的身體形式，然而川久保每一季都運用完全迥異的方式，挑戰創造嶄新服裝。

為了獲得更多自由，不斷更新創造觀點的川久保，同時也對 COMME des GARÇONS 課以規則。那就是禁止集團共有印象遭到模糊不清的擴展，拒絕為女性性別的神話抬轎。自己對自己的創造行為制訂規律，從追求自由的時尚觀點來看，反而納入了不自由。她的規則並非是「不可以……」，而是基於「為了……，不可以……」的倫理和信念。川久保以此作繭自縛，彷彿縫製拘束服般，以 COMME des GARÇONS 的倫理規定自己的設計行為。然後，再從內部以突破力量為動力，掙脫、進而開闢出嶄新設計的可能性。

設計在呱呱墜地之後，就已經過時，在不斷直奔死亡的運動中，為了持續更新最新款式，COMME des GARÇONS 必須永遠都是朝氣蓬勃的少年，不斷重生。

成熟，就是體會到衰老，看破死亡，懂得斷念。必須執著不斷回歸到零，挑戰嶄新創造。這種萬劫不復的運動，不允許創造者長大成熟，要求必須永遠懷著少年冷眼笑看成熟的殘酷，以及少年充滿好奇的眼神。這是一直保持 COMME des GARÇONS（宛若少年）的理由。

以「強力」表現做為創造本質的川久保，對她而言，時尚設計就是必須打造出具有力量的服裝，足以和穿著者對峙，刺激穿著者。至於是否能夠獲得青睞、穿著上身，就全權交給人們自行抉擇。

這股設計師對創造的真摯熱情，毫無保留地直接傳達給穿著者。將無法安穩包覆毫無防備身體的衣服，勇於推出、穿上人體的這股決心，呈現在穿著 COMME des GARÇONS 之人的眼前。

壓迫身體、不均衡包覆身體的衣服，喚醒穿著者的觸感。唯有穿著者獨自一人承受這種

「觸感」，才能夠脫離「相似」複數性，真正感受到成為個體的「自我」。穿著 COMME des GARÇONS，對身體產生的刺激，將撼動喚醒自己內心深處沉睡的「個體」。彷彿遇見簡寧漢的舞蹈般，個體的肉體感受到和 COMME des GARÇONS「共同存在」，開始伸展，大口呼吸自由空氣，活力充沛地飛舞跳動。這是身體和共處不易的服裝，經過一番磨合纏鬥之後，成為盟友的瞬間。

所謂「自我」，是能夠實際感受到真誠對他人展現自己。

透過穿著，能夠愉快對外展現自我，那種解放之後的喜悅感。這時，衣服不再是鎧甲般硬梆梆綑綁身體的物質，而是真正展現赤裸自我的裝置。只有薄薄一層皮膜包覆的自己，在對存在不安定的惶恐中，穿著不是為了在「相似」的同一性當中採取守勢，而是為了能夠更強勢突破前進的目的。這才是穿著真正的快樂。

唯有自由飛翔的時刻到來，時尚設計才得以迎接確實的轉機。對川久保而言，創造是一條邁向自由的奮鬥之路。唯有如此，才能夠喚醒穿著者邁向享受穿著快樂的新境界。真正的創造是帶給體驗者無限解放的喜悅，以及突破困境的快感。

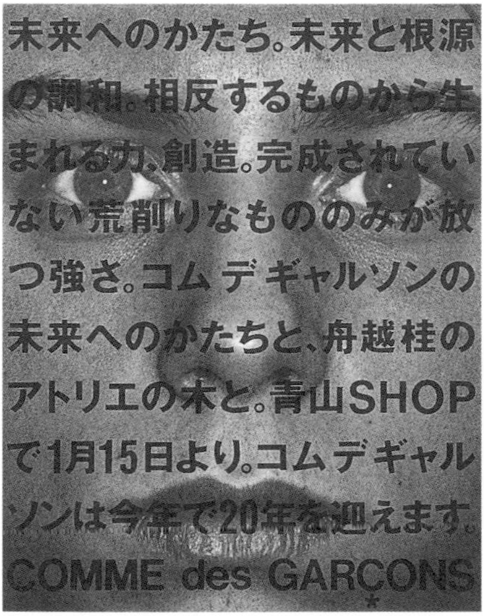
未来へのかたち。未来と根源
の調和。相反するものから生
まれる力、創造。完成されてい
ない荒削りなもののみが放
つ強さ。コム デ ギャルソンの
未来へのかたちと、舟越桂の
アトリエの木と。青山SHOP
で1月15日より。コム デ ギャル
ソンは今年で20年を迎えます。
COMME des GARÇONS

24. COMME des GARÇONS 企業形象 DM。1993.

22. Als Hilton, "*Bump and Mind*" Artforum, 1996.12.
23. 小林康夫，《身體與空間》，〈從時間學習——永不結束的舞蹈〉，筑摩書房，1995
24. 上間常正，《朝日新聞》，1997.10.13. 晚報
25. 訪談，〈新身體創造新衣服〉，採訪：森山明子。《日經設計》，1997.1 月號
26. 上間常正，《朝日新聞》，1997.10.16. 晚報
27. Polan, Op.cit.
28. Jean Baudrillard，《象徵交換與死》，今村仁司・塚原史譯，筑摩文藝文庫，1992
29. Tamsin Blanchard, "*Fashion*" The Independent, Tabloid, 1996.10.15.
30. Roland Barthes，《Système de la mode》，佐藤信夫譯，美篶書房，1972
31. 訪談，〈對安逸時代的抗爭〉，採訪：南谷繪里子，《ELLE JAPAN》，1996.9 月號
32. 南谷繪里子。同前
33. Laurence Benaïm, "*Quand la mode tourne le dos au puritanisme officiel*" Le Monde, 1998.3.13.
34. 南谷繪里子，〈川久保玲的世界〉，《ELLE JAPAN》，1991.4 月號
35. 上野俊哉，〈拒絕無聊的靈魂與美學〉，《STUDIO VOICE》，1994.4 月號
36. Nakahara, Op.cit.
37. 訪談，〈創造是強勢事物〉，採訪：織田晃，《WWD for JAPAN》，2001.5.7.
38. 訪談，〈對安逸時代的抗爭〉，南谷繪里子。同前
39. Deborah Drier, "*Articouture*" Guggenheim, 1996.Fall.

註

1. Bernadine Morris, "*The new wave from Japan*" The New York Times, Magazine. Fashion, 1983.1.30.
2. Geraldine Ranson, "*Why Western eyes are on Eastern approaches*" The Sunday Telegraph, 1982.11.28.
3. Janie Samet, "*Les Japonais jouent《les miséables》*" Le Figaro, 1983.3.18.
4. Patricia Shelton, "*Springtime in Paris*" Chicago Sun-Times. Fashion, 1982.10.20.
5. "*Des trous partout...*" Paris Match, 1982.11.
6. Jean Leymarie，《Chanel》，三宅真理譯，東京出版，1990
7. 訪談，〈川久保玲的世界〉。採訪：上間常正，《朝日新聞》，1997.10.15. 晚報
8. 1906～1958。活躍於 1940 和 1950 年代。專為職業婦女設計基本且容易組合搭配的實用服裝，稱為美式裝扮。
9. 上間常正。同前
10. Brenda Polan, "*Intellect meet inspiration: clothes for a modern age*" Financial Times. Fashion, 1998.2.
11. Alice Rawsthorn, "*Designing is so tough, sighs Japan is queen of innovation*" Financial Times. Fashion, 1993.12.4-5.
12. Polan, Op. cit.
13. 吉本隆明《全集撰 7》〈印象論〉。大和書房，1988
14. 1895～1972。出身西班牙。1937 年，在巴黎成立設計師工作室，有量身剪裁的完美主義者之稱。紀梵希、André Courrèges 、Emanuel Ungaro 等都是他的弟子。
15. Rawsthorn, Op.cit.
16. 1876～1975。最初是一位裁縫師，1912 年在巴黎成立設計師工作室，開發斜裁設計。
17. Betty Kirke，《Madeleine Vionnet》，東海晴美譯，求龍堂，1991
18. Rawsthorn, Op.cit.
19. Deyan Sudjic，《Rei Kawakubo and Comme des Garçons》，生駒芳子譯，Magazine House, 1991
20. "*Rei Kawakubo and Comme des Garçons*" Interview by Satoko Nakahara, The Sunday Times, The Magazine, 1993.11.21.
21. Amy M. Spindler, "*Is it new and fresh or merely strange?*" The New York Times, Magazine, Fashion, 1996.10.10.

圖片一覽表

1. 1986-87 秋冬系列。攝影：Steven Meisel
2. Cristóbal Balenciaga，外套。1955. 京都服飾文化研究財團所藏。攝影：廣川泰士
3. 1993 春夏系列。1992.10.
4. 1999 春夏系列。1998.10.
5. 瑪德琳．維奧內特，洋裝。1919-20. 取自《Vionnet》Betty Kirke 著，東海晴美譯（求龍堂發行）。攝影：Hideoki
6. 《Six》Number.8（COMME des GARÇONS 發行）封面，1991. 攝影：Novarro
7. COMME des GARÇONS 企業廣告。1989. 攝影：Philip Green
8. 1992 春夏系列。1991.10.
9. 1994-95 秋冬系列。1994.3.
10. 克麗絲汀迪奧，新風貌。1947. 京都服飾文化研究財團所藏。攝影：W. Meyer
11. 取自《Six 1/4》（COMME des GARÇONS 發行／made especially for Visionaire No.20）1997. 攝影：篠山紀信
12. 18 世紀的洋裝（robe à la française），約 1760 年。京都服飾文化研究財團所藏。攝影：小暮徹
13. 1997 春夏系列。1996.10.
14. COMME des GARÇONS 紐約直營店開幕邀請卡。1999.
15. COMME des GARÇONS 京都直營店開幕邀請卡。2002.
16. 1982-83 秋冬系列。攝影：Peter Lindbergh
17. 2001-02 秋冬系列。2001.3.
18. 1992-93 秋冬系列。1992.3.
19. 1988-89 秋冬系列。取自《Six》Number.2（COMME des GARÇONS 發行）攝影：Peter Lindbergh
20. 1995 春夏系列。1994.10.
21. 1997-98 秋冬系列。1997.3.
22. 2000-01 秋冬系列。2000.2.
23. 2003-04 秋冬系列。2003.3.
24. COMME des GARÇONS 企業形象 DM。1993. 攝影：Ken Ohara

圖片協助：2、10、12＝京都服飾文化研究財團／5＝晴美製作室株式會社／6、7、14、15、24＝作者資料／其他＝株式會社 COMME des GARÇONS

川久保玲｜Rei Kawakubo｜對時裝界拋出最激烈質疑的設計師。1942 年出生於東京，畢業於慶應義塾大學，是受嬉皮文化洗禮的世代。遊走在時尚和藝術邊界的川久保玲，自小未曾碰觸也從沒受過正式的服裝設計訓練。1969 年，在原宿公寓的一室中，她和兩位工作者開始公寓品牌「COMME des GARÇONS」，1973 年成立公司，至今除擔任主要設計師之外，同時兼任總經理，以企業家之姿面對品牌經營。她的店面沒有櫥窗，也沒有窗戶，對不認識 COMME des GARÇONS 的人而言，完全無法預測店內擺放哪些商品，這是前所未見的商業模式。通常應該開放給大眾的時尚系列作品發表會，她也將出席貴賓嚴選到只剩五分之一，可以看出她刻意回歸封閉空間的決心。不曾為了擴大企業規模而增開店面，也不利用知名度、多元化，開發一般消費者容易接受的商品，更不進行多品項的授權事業，她的經營方針在於防止形象的無限擴散。1981 年 COMME des GARÇONS 進軍巴黎，82 年的時裝週是她在國際舞台綻放光芒的起點，《紐約時報》以「日本襲來的新浪潮」讚譽她和同期展出的山本耀司（Yohji Yamamoto）。「黑色」、「破壞」、「不對稱」是 COMME des GARÇONS 的特有風格，她的構思源頭不是來自於穿著衣服或是裝飾著衣服的身體，而是設計衣服本身。穿上衣服後看起來知性或是性感她也從不在意，重要的是穿著 COMME des GARÇONS 所呈現出的「接受嶄新事物」、「具有自由價值觀」的獨立精神。在創造的現場，她始終保持著身體的零度，穿著主體不存在的冷酷觀點，彷彿規範穿著者，同時亦為遏止設計的僭越。這可說是川久保玲的美學，也讓她成為全球服裝設計師中最前衛的女性。

南谷繪里子｜Eriko Minamitani｜學習院大學經濟學部、紐約州立大學 FIT（Fashion Institute of Technology）、FBM 科（Fashion Buying and Merchandising）畢業。曾任職伊藤忠 Fashion System 紐約特派員、World 公司等，擔任海外時尚計畫的開發。曾任《ELLE》雜誌總編輯。現為玉川大學兼任講師、IFI 講師，致力於時尚教育。共同著作有《東京、巴黎、紐約：時尚都市論》。

---

蔡青雯｜譯者｜日本慶應義塾大學美學美術史系學士。目前專職口譯與筆譯。

---

王志弘｜書系選書、設計｜wangzhihong.com｜台灣平面設計師，國際平面設計聯盟（AGI）會員。2008 與 2012 年，先後與出版社合作設立 Insight、Source 書系，以設計、藝術為主題，引介如荒木經惟、佐藤卓、橫尾忠則、中平卓馬與川久保玲等相關之作品。作品六度獲台北國際書展金蝶獎之金獎、香港 HKDA 葛西薰評審獎、韓國坡州出版美術賞，東京 TDC 提名獎。著有《Design by wangzhihong.com: A Selection of Book Designs, 2001-2016》。 IG: @wangzhihong.ig

SOURCE SERIES

1 | 鯨魚在噴水。| 佐藤卓

2 | 就是喜歡！草間彌生。| Pen 編輯部

3 | 海海人生 !! 橫尾忠則自傳 | 橫尾忠則

4 | 可士和式 | 天野祐吉、佐藤可士和

5 | 決鬥寫真論 | 篠山紀信、中平卓馬

6 | COMME des GARÇONS 研究 | 南谷繪里子

7 | 1972 青春軍艦島 | 大橋弘

8 | 日本寫真 50 年 | 大竹昭子

9 | 製衣 | 山本耀司

10 | 背影的記憶 | 長島有里枝

11 | 一個嚮往清晰的夢 | Wibo Bakker

12 | 東京漂流 | 藤原新也

13 | 看不見的聲音，聽不到的畫 | 大竹伸朗

14 | 我的手繪字 | 平野甲賀

15 | Design by wangzhihong.com | 王志弘

16 | 為何是植物圖鑑 | 中平卓馬

17 | 我在拍電影時思考的事 | 是枝裕和

18 | 色度 | 德瑞克・賈曼

19 | 想法誕生前最重要的事 | 森本千繪

20 | 朱紅的記憶：龜倉雄策傳 | 馬場真人

21 | 字形散步 走在台灣：路上的文字觀察 | 藤本健太郎

22 | 改變日本生活的男人：花森安治傳 | 津野海太郎

23 | 建構視覺文化的 13 人／idea 編輯部

細江英公自傳三部曲

24 | 無邊界：我的寫真史／細江英公

25 | 我思我想：我的寫真觀／細江英公

26 | 球體寫真二元論：我的寫真哲學／細江英公

---

書系獲獎記錄：●《海海人生 !! 橫尾忠則自傳》獲 2013 年開卷（翻譯類）好書獎●書系獲 2014 年韓國坡州出版美術賞●《看不見的聲音，聽不到的畫》《Design by wangzhihong.com》《字形散步 走在台灣：路上的文字觀察》《改變日本生活的男人：花森安治傳》獲東京 TDC 入選 ............................

SOURCE: 6
THE STUDY OF COMME des GARÇONS
COMME des GARÇONS 研究

作者：南谷繪里子　譯者：蔡青雯
裝幀設計：井上嗣也、向井晶子（BEANS）
選書．設計執行：王志弘（wangzhihong.com）
發行人：凃玉雲　出版：臉譜出版

發行　英屬蓋曼群島商家庭傳媒股份有限公司城邦分公司
台北市民生東路二段 141 號 11 樓
讀者服務專線：02-2500-7718；02-2500-7719
服務時間：週一至週五 9:30-12:00；13:30-17:30
24 小時傳真服務：02-2500-1990；02-2500-1991
讀者服務電子信箱：service@readingclub.com.tw
劃撥帳號：1986-3813 書虫股份有限公司
英屬蓋曼群島商家庭傳媒股份有限公司城邦分公司
城邦網址：http://www.cite.com.tw
香港發行　城邦（香港）出版集團
香港灣仔駱克道 193 號東超商業中心 1 樓
電話：852-2508-6231　傳真：852-2578-9337
電子信箱：hkcite@biznetvigator.com
馬新發行　城邦（馬新）出版集團
Cite (M) Sdn. Bhd. (458372 U)
41, Jalan Radin Anum, Bandar Baru Sri Petaling,
57000 Kuala Lumpur, Malaysia
電話：603-9057-8822　傳真：603-9057-6622
電子信箱：cite@cite.com.my

ISBN 978-986-235-272-4　一版十二刷　2020 年 9 月

版權所有．翻印必究　Printed in Taiwan
定價：新台幣 300 元整（本書如有缺頁、破損、倒裝，請寄回更換）

國家圖書館出版品預行編目資料

COMME des GARÇONS 研究／南谷繪里子著；蔡青雯譯
——初版——臺北市：臉譜出版：
家庭傳媒城邦分公司發行，2013.10
面；　公分——（Source: FA3006）
譯自：The Study of COMME des GARÇONS
ISBN 978-986-235-272-4（平裝）
1. 服飾業　2. 品牌

488.9　102013524

THE STUDY OF COMME des GARÇONS by ERIKO MINAMITANI
Copyright © Eriko Minamitani
All Rights Reserved.
First original Japanese edition published by Little more Co., Ltd. Japan.
Chinese (in traditional character only) translation rights arranged with
Little more Co., Ltd. Japan. through CREEK & RIVER Co., Ltd.

本書では、1981年から2003年にわたる、22年間のコムデギャルソンの創作活動について取り上げられています。（本書內容取自1981年至2003年，22年間 COMME des GARÇONS 的創作活動。）